Jean Lemire

Le Dernier Continent

430 jours au cœur de l'Antarctique

LES ÉDITIONS
LA PRESSE

Sommaire

Introduction

Peut-être faut-il faire tout ce chemin, aller toucher au bout du monde, et inévitablement au bout de soi, pour simplement réaliser que nous ne sommes rien.

Personne ne peut prétendre connaître le fonctionnement de notre planète sans comprendre le rôle essentiel du dernier continent, l'Antarctique. Les océans du globe agissent sur l'atmosphère, l'atmosphère interagit avec les océans, et l'Antarctique influe directement sur les océans et l'atmosphère. Nous vivons donc tous sous l'influence de l'Antarctique, et le grand continent de glace est aussi directement affecté par nous, par nos décisions, par nos comportements. Il ne saurait en être autrement sur une si petite planète.

Terra Australis Incognita, voilà comment les géographes et les cartographes égyptiens ont appelé cette masse de terre qu'ils imaginaient au sud du Sud, il y a de cela près de 2 000 ans. L'Antarctique représente encore aujourd'hui un lieu mythique, méconnu et, pour plus de 60 % de sa superficie, inexploré. Un continent où soufflent les vents les plus violents, où sévissent les froids les plus intenses et où ceux qui s'y aventurent courent les risques les plus extrêmes.

En termes géopolitiques, ce continent n'appartient à personne, il appartient donc à nous tous. Toutes les longitudes de la planète convergent en Antarctique, comme un point de rencontre, comme un symbole de réunification des peuples. Sous le 60e degré de latitude, les nations ont convenu de dédier cette partie du monde à la paix et à la science. Près de 10 % de notre planète est donc protégée d'une certaine forme d'« humânerie ». La guerre est interdite en Antarctique, simplement. Tout comme le nucléaire. L'exploitation des ressources naturelles aussi. La propre méfiance de ce que nous sommes a dicté les lois qui protègent l'apparente virginité de ce dernier continent. En Antarctique, nous nous donnons le droit de faire les choses correctement.

L'Antarctique, c'est aussi et surtout quelque chose qui se décrit difficilement, comme un sentiment de plénitude sans fin, étrange et envoûtant. Malgré le froid, les cruels éléments qui peuvent menacer la vie sans prévenir, et les sacrifices souvent insensés que requiert toute incursion en terre de paradis, l'Antarctique transforme les personnes qui osent s'y aventurer. Richard Byrd-Alone, le premier pilote d'avion à survoler le continent antarctique, écrivait ceci en 1938 : « J'ai regardé le ciel pendant un long moment pour en conclure que cette beauté n'était réservée qu'aux endroits éloignés et dangereux et que la nature avait de bonnes raisons d'exiger des sacrifices spéciaux de la part de tous ceux et celles qui étaient décidés à les voir. »

Après mûre réflexion, nous avons décidé de nous engager dans ce sens unique vers la vie. Un voyage bouleversant, où le regard pourra se perdre sur l'infini, pour prendre conscience de la puissance de cette nature à l'état vierge. L'Antarctique. Le lieu des plus grandes beautés du monde. L'endroit où l'humain, devant pareille magnificence, retrouve bien souvent une certaine paix intérieure, cachée au plus profond de sa solitude, révélée par tant d'harmonie et d'équilibre naturels. Perdus en ce désert autrefois balayé par des blizzards incessants, il n'y aura que nous, tous unis dans une même mission, tous habités par une même passion. Nous serons seuls et si petits devant si grand. Sans influence et vulnérables. Nous, les aventuriers du climat perdu, simples témoins privilégiés d'une nature dans toute son immensité.

« Un homme ne peut prétendre à une certaine sagesse que s'il reconnaît qu'il n'est pas indispensable », disait aussi Byrd-Alone. Peut-être faut-il faire tout ce chemin, aller toucher au bout du monde, et inévitablement au bout de soi, pour simplement réaliser que nous ne sommes rien.

Une partie de l'équipe d'hivernage de Mission Antarctique sur un *kamutiq*. Ce traîneau inuit, fait de planchettes et de cordes, possède une structure souple qui permet de s'adapter aux surfaces irrégulières comme celles de la banquise.

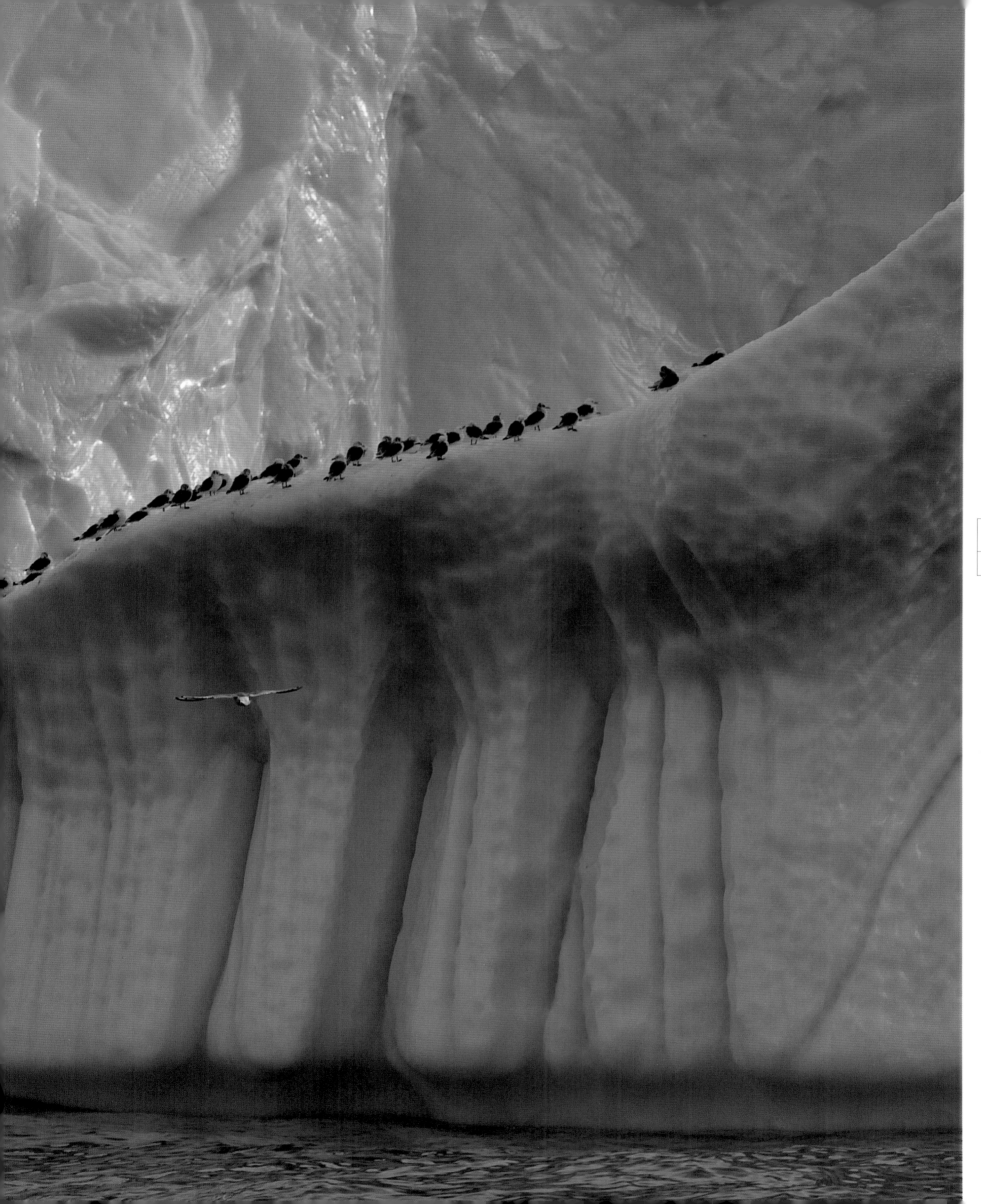

Le rêve de l'exploration

Pour l'explorateur, l'inconnu n'est pas inaccessible. L'inconnu ne représente qu'un défi. Attirés par les extrêmes et les extrémités, les aventuriers d'hier ont tracé la route, le chemin qui a mené aux grandes découvertes géographiques à l'origine de l'expansion territoriale de l'humanité. Aujourd'hui, il existe peu de lieux inexplorés sur notre petite planète. Les sommets des plus hautes montagnes ont été conquis, les pôles ont été foulés, certains abysses océaniques visités, et nous avons même marché sur la Lune.

L'exploration a permis l'évolution de la science et les percées scientifiques ont influencé les missions d'exploration. En ce sens, l'explorateur ressemble au scientifique. L'un et l'autre cherchent des réponses, des lieux, des pistes, des indices pour comprendre et repousser les limites de l'inconnu. Pour l'un comme pour l'autre, la découverte n'est souvent qu'une question de temps, de moyens et de ténacité. Du temps et des moyens pour développer les outils nécessaires qui permettent d'approfondir les connaissances, et de l'obstination, de la persévérance, voire de l'acharnement pour mener à bien les rêves de découvertes. Et il en faut pour poursuivre un rêve d'exploration !

J'ai toujours été attiré par les pôles. L'Arctique d'abord, qui m'a tout de suite charmé par ses paysages arides, où les éléments naturels se conjuguent et s'amalgament avec férocité pour créer un monde à part, unique et insécable, un monde fait d'harmonie et d'équilibre. Faut-il vivre au rythme de cette terre de glace pour comprendre et apprécier ce que nous sommes ? Ou encore faut-il s'ouvrir au silence des Inuits pour décoder ce que le regard peine à percevoir ? Quand je touche aux pôles, j'ai souvent le sentiment de me transporter au début des temps. Inévitablement, devant si grand, je me sens privilégié d'être, simplement, heureux de faire partie de si vaste et si puissant. L'Homme n'est qu'une parcelle de cette nature grandiose, qu'une espèce parmi tant d'autres, mais notre capacité de réflexion, qui nous différencie entre toutes les espèces, devrait nous permettre d'apprécier davantage. Mais apprécions-nous vraiment, surtout depuis que nous nous sommes éloignés de cette nature ? Peut-être faut-il retrouver l'amour de la terre pour aimer, pour ressentir cette force silencieuse et aspirer à la protéger ?

Devant si grand, nous ne sommes que les Lilliputiens d'une planète qui semble tout en contrôle. Et pourtant… Si petit soit l'homme devant l'immensité, il laisse des traces irréfutables de son passage et de son occupation, des cicatrices profondes et pernicieuses dans les sillons de cette terre d'harmonie, qui transforment peu à peu la planète et ses occupants. Plus qu'en tous les autres lieux, c'est en Arctique et en Antarctique que s'accumulent les preuves contre l'humanité.

Je suis de ceux qui croient que la simple beauté du monde sauvera la planète. Mais encore faut-il pouvoir montrer la magnificence de cette nature pour espérer toucher les âmes et initier le changement, car nous protégeons ce que nous aimons. Attiré par l'appel incessant des pôles, par l'immensité des étendues sans fin qu'offrent les océans, j'ai décidé de partir, de tout laisser derrière moi pour refaire ma vie sur les flots incertains d'une mer que je ne connaissais guère. J'avais bien bourlingué sur les vagues de certains grands fleuves d'Amérique du Nord, mais je ne connaissais rien du grand large, là où se cache un silence dissimulé par tant d'horizon. C'est là que je me suis mis à rêver. Rêves d'aventures, de péripéties océaniques, sans repères et sans frontières, et donc sans racines et sans doutes. Mais on ne devient pas explorateur simplement en rêvant. On visite d'abord ses rêves, un à un, petit à petit, puis on ose le défi. À force d'expériences, de réussites et d'échecs, de plaisirs et d'épreuves, on réalise alors que les voies d'avenir ne pourront être que pavées d'inconnu et d'inexploré, seuls chemins véritables et acceptables au carrefour de nos rêves de plus en plus osés. Dès lors, la vie prend son sens. Un sens unique, car le retour en arrière n'est désormais plus possible.

Pour l'explorateur, l'inconnu n'est pas inaccessible. L'inconnu ne représente qu'un défi. Les aventuriers d'hier ont tracé le chemin qui a mené aux grandes découvertes géographiques à l'origine de l'expansion territoriale de l'humanité.

ITINÉRAIRE DE L'EXPÉDITION MISSION ANTARCTIQUE

Départ de Cap-aux-Meules, Îles-de-la-Madeleine (Québec),
archipel des Açores, îles du Cap-Vert (Afrique), Montevideo (Uruguay),
îles Malouines, îles de la Géorgie du Sud, Ushuaia (Argentine),
baie Sainte-Marguerite et péninsule antarctique, lieu d'hivernage

Dans le sillage des grands explorateurs d'hier

Le courage des explorateurs d'hier m'a toujours inspiré. J'ai frissonné devant le récit de sir John Franklin, grand navigateur de son époque, parti découvrir une voie navigable entre l'Europe et l'Asie. Entre 1845 et 1848, aux commandes des navires *Terror* et *Erebus*, Franklin et son équipage sont faits prisonniers de la banquise intraitable de l'Arctique. Malgré les nombreuses expéditions de sauvetage, on ne retrouva jamais les hommes et leurs navires.

Il faudra attendre l'expédition du navigateur norvégien Roald Amundsen, entre 1903 et 1906, avant de franchir pour la première fois le légendaire passage du Nord-Ouest. Amundsen avait fait ses classes en Antarctique à bord du voilier d'exploration *Belgica*, sous le commandement d'Adrien de Gerlache. En 1898-1899, l'équipage est fait prisonnier de la banquise antarctique. Les hommes du *Belgica* deviendront le premier équipage scientifique à hiverner en Antarctique. Ils

auront de la chance, réussissant à s'extirper des glaces avant l'installation d'un autre hiver qui leur aurait sans doute été fatal.

Le même Amundsen sera également le premier à atteindre le pôle Sud, dans une incroyable saga qui l'opposait à l'explorateur anglais Robert Falcon Scott. Le Britannique et son équipe, arrivés au pôle Sud, constatent qu'Amundsen et l'équipe norvégienne les ont devancés de trente-trois jours... Affaiblis et complètement démotivés devant la défaite, Scott et tous les membres de l'expédition meurent sur le chemin du retour. Amundsen, le vainqueur, à qui l'on demanda s'il n'avait pas eu tout simplement de la chance alors qu'elle avait manqué à Scott, répondit : « La victoire sourit à ceux qui ont pris les dispositions nécessaires, on appelle cela de la chance, la défaite attend ceux qui n'ont pas pris les précautions nécessaires, on nomme cela la malchance. »

1915 – L'équipage de Shackleton tire l'embarcation de sauvetage, le *James Caird,* sur la banquise.

Les récits des navigateurs d'hier m'ont appris l'importance d'une bonne préparation pour la réussite de mes rêves d'exploration. La précaution allait devenir mon obsession. Rien désormais ne serait laissé au hasard. Je devais tout planifier, étudier chacune des situations et les imaginer dans des conditions extrêmes, voire improbables. J'ai aussi compris que toute préparation, si bonne soit-elle, ne peut pourvoir à tout. Car accepter de transgresser ses propres limites, c'est aussi souscrire au risque, jusqu'à accepter de danser avec la mort, inévitable sentence qui, comme une épée de Damoclès, plane au-dessus de tous ceux qui s'engagent dans le sillage des grands navigateurs d'hier.

Ils sont nombreux les héros de l'exploration polaire. Au Nord, comme au Sud, les détroits, les baies, les fleuves et les îles portent souvent leurs noms, pour ne jamais oublier leur immense contribution à l'Histoire : Henry Hudson, John Davis, William Baffin ou Martin Frobisher en Arctique ;

Palmer, Bellingshausen, Weddell, Dumont d'Urville, Ross ou Charcot en Antarctique.

Le plus célèbre d'entre tous demeure sans doute sir Ernest Shackleton. Après une première expédition en Antarctique avec Robert Falcon Scott, Shackleton prépare son expédition transantarctique (1914-1917). Il rêve de traverser tout le continent de glace en traîneau à chiens. Mais il n'atteindra jamais l'Antarctique avec son célèbre navire, l'*Endurance*, broyé par une banquise intraitable dans la mer de Weddell. Shackleton parvint quand même à sauver tous les membres de son équipage, dans ce qui allait devenir l'une des plus spectaculaires opérations de sauvetage de tous les temps. Malgré l'échec de son expédition, le courage et la détermination de Shackleton lui ont valu une place de choix dans le grand livre de l'exploration antarctique. Plus que tout autre explorateur, sir Ernest Shackleton fut pour moi une réelle source d'inspiration.

2006 – L'équipage de Mission Antarctique reproduit la scène, quatre-vingt-dix ans plus tard, à la mémoire des valeureux explorateurs de l'époque.

Le maître des eaux

Pour me permettre d'atteindre mes rêves d'exploration, j'avais besoin d'un voilier. Je l'imaginais d'acier, grand et fort, capable d'affronter les mers les plus redoutables de la planète, et habile à se faufiler entre les icebergs des latitudes inhospitalières. En fermant les yeux, je rêvassais nonchalamment aux grandes voiles azurées en reflet sur l'autre bleu, profond, celui d'un océan inconnu, bordé par des dauphins en cavale et survolé par les grands albatros du Sud ou les fulmars du Nord. Sans trop y croire, je l'ai imaginé, désiré, fantasmé pendant des années. Je l'ai attendu comme on attend sa promise, convaincu qu'elle se présentera un jour. Tous disaient en riant que mes modestes moyens financiers allaient me ramener à la triste réalité, que j'étais condamné à trop petit, trop délicat et donc trop banal. Mais le rêve n'est pas un rêve s'il ne se contente que de l'accessible. Et s'il y a quelque chose que j'ai compris dans la vie, c'est que nous sommes tous égaux quand vient le temps de rêver, peu importent nos moyens, notre rang ou notre classe sociale. Il devait bien y avoir quelqu'un, quelque part, qui avait aussi envie de rêver.

Les premiers compagnons d'aventure sont venus des Îles-de-la-Madeleine, au Québec, un archipel qui abrite une petite population de pêcheurs. Les Madelinots ont une bonne dose d'eau salée dans les veines et leur connaissance de la mer, acquise de génération en génération, allait pouvoir combler mes lacunes de citadin. Dans leurs yeux couleur océane, je pouvais sentir l'appel du large, partager nos désirs de découvertes et voyager sur la vague écume de nos rêves les plus fous. Mais ils n'avaient pas un rond, du moins pas les sommes requises pour se payer ces rêves. Soit, rien n'était perdu puisque je venais de trouver des complices aussi passionnés que moi, prêts à larguer les amarres vers les conquêtes les plus folles. Mais nous n'avions toujours pas de bateau…

Je poursuivais mes recherches. Dans les revues nautiques, je scrutais les rubriques de bateaux à vendre. Sur les sites Internet dédiés à la vente de grands voiliers, j'osais jouer à l'acheteur intéressé. Puis, un jour, une petite annonce allait changer le cours de ma vie : un trois-mâts de 51 mètres, à la voilure aussi bleue que les vagues de la mer. Sur la photo, d'allure

fière et toutes voiles dehors, il trônait au milieu d'une de ces dernières pages de revues qui veulent vous vendre du rêve. Il était comme je l'avais toujours imaginé. Malheureusement, son prix aussi était presque imaginaire… De quoi tourner la page, pour de bon, sur toutes ces années d'espoir et d'espérance tellement le prix demandé représentait plus que je n'allais être capable d'amasser en une vie entière. Cher, beaucoup trop cher. Tellement cher que je décidai de tenter le coup. Non mais, personne ne voudra payer pareille somme pour un vieux rafiot ! Car il avait quand même voyagé le voilier, à l'origine un chalutier en acier construit pour la pêche au hareng dans les mers du Nord. Il avait débuté sa vie en 1957, alors qu'il sortait du chantier Abeking & Rasmussen à Lemwerder, en Allemagne. Bon, j'avoue, ça commençait plutôt mal pour mes négociations. Ce chantier est l'un des meilleurs au monde. Vendu, acheté et revendu à plusieurs reprises, il a fait l'orgueil d'intérêts allemands, africains, danois, avant de revenir finalement dans son pays d'origine. Il fut porteur de plusieurs noms : *Bielefeld BC 106*, *Starfish E 213*, *Saint Kilda E 218*.

En 1991, un armateur passionné achète le bateau pour le transformer en grand voilier. Il connaît la valeur de cette coque au dessin fin et performant. Il y installe un gréement particulier de type « Indo Sail ». Un seul autre grand voilier possède ce type de gréement : le *Rainbow Warrior* de Greenpeace. L'ancien chalutier est rebaptisé *Syscomp I*. Je savais que le propriétaire n'en avait que pour son prochain projet. Ils sont comme cela les hommes de bateau, infidèles, toujours à la recherche d'une nouvelle conquête, d'une nouvelle aventure… La négociation a duré dix-huit mois. Après avoir tout vendu, défendu bec et ongles la grandeur et l'importance de notre rêve, nous sommes devenus propriétaires de ce maître des eaux qui allait dorénavant s'appeler *Sedna IV*, en l'honneur de Sedna, la déesse inuite des océans. Le 8 juillet 2001, *Sedna IV* accostait à son nouveau port d'attache de Cap-aux-Meules, aux Îles-de-la-Madeleine. Nous étions fiers. Fiers et sans le sou, comme toujours. À ma mémoire revenaient les leçons des explorateurs d'hier : il faut du temps, des moyens et de l'obstination, de la persévérance, voire de l'acharnement pour mener à bien les rêves de découvertes.

En 2002, *Sedna IV* réalise sa première grande odyssée, Mission Arctique, un périple de cinq mois entre Montréal et Vancouver, à travers les glaces du passage du Nord-Ouest.

Cygne siffleur dans l'Arctique
canadien. Son nom est attribuable
au bruit produit par le passage
de l'air dans ses ailes durant
le vol. Ce grand oiseau, qui niche
dans la toundra, peut mesurer
jusqu'à 140 cm de longueur, et son
plumage est d'une blancheur
éclatante.

Mission Arctique

Nous avions maintenant le voilier, nos rêves en poche et une détermination inébranlable. Il ne restait que le projet à élaborer pour amasser les fonds essentiels à notre première grande expédition. Les grands diffuseurs télévisuels nationaux ont rapidement compris l'urgence de présenter au reste du monde notre expédition, Mission Arctique. Nous avions alors tous les ingrédients essentiels pour réaliser nos rêves, pour hisser les voiles vers le Grand Nord, cet avant-poste qui allait devenir un témoignage visuel puissant des bouleversements environnementaux en cours.

À cette époque, on parlait peu du phénomène des changements climatiques. Pourtant, quelques années auparavant, James Hansen, éminent scientifique du Goddard Institut for Space Studies de la NASA, avait tenté de convaincre le gouvernement américain et la communauté scientifique internationale des dangers liés à l'accumulation fulgurante des gaz à effet de serre dans l'atmosphère. Selon lui, la planète risquait de faire face à un réchauffement important si l'humanité n'acceptait pas de changer ses habitudes de consommation en matière d'énergie. Le scientifique en moi pestait silencieusement devant l'incompréhension manifeste des dirigeants de la planète qui ne voulaient surtout pas modifier leurs différents agendas politiques.

Ce n'était pas la première fois que les recommandations des scientifiques passaient sous silence. L'avertissement lancé à l'humanité au Sommet de la Terre de Rio, au Brésil, en 1992, par près de 1 700 scientifiques réputés, dont plus de la moitié sont des Nobel de sciences, n'a pas non plus retenu l'écoute qu'il méritait. Dans son communiqué, l'Union of Concerned Scientists lançait un véritable cri du cœur : « Les êtres humains et la nature vont se heurter de plein fouet. Les activités humaines infligent de graves dommages, souvent irréversibles, à l'environnement et à des ressources cruciales. À moins qu'on ne les réfrène, plusieurs de nos pratiques actuelles mettront gravement en péril l'avenir que nous voulons pour l'espèce humaine et les règnes végétal et animal ; elles pourraient à tel point altérer le monde vivant qu'il serait impossible de soutenir la vie telle que nous la connaissons. Des changements fondamentaux s'imposent d'urgence si nous voulons éviter la collision que notre trajectoire actuelle rend inévitable. »

Nous étions décidés. Il fallait joindre nos voix à celles d'autres scientifiques pour montrer l'urgence d'agir, pour accumuler des preuves tangibles sur les effets dévastateurs de nos insouciances. Nous avons entendu les mises en garde répétées des Inuits et avons décidé de mettre le cap au nord, pour servir de porte-voix à ce peuple qui,

Nous avons
suivi les ours
polaires affamés
et amaigris,
incapables
de chasser
le phoque annelé
sur une banquise
rendue trop fragile
par un printemps
hâtif.

mieux que quiconque, possède les connaissances et les références historiques pour témoigner des changements en cours. En juillet 2002, nous avons quitté le port de Cap-aux-Meules, aux Îles-de-la-Madeleine, en route vers le nord, avec comme objectif de réaliser le légendaire passage du Nord-Ouest, cette voie maritime qui relie l'Atlantique et le Pacifique.

En baie d'Hudson, nous avons suivi les ours polaires affamés et amaigris, incapables de chasser le phoque annelé sur une banquise rendue trop fragile par un printemps hâtif. En vain, nous avons cherché la morue arctique, remplacée par des espèces de poissons venues du sud, comme le caplan ou le lançon. Jusqu'à la mer de Beaufort, nous avons vu les animaux spécialistes de la glace, comme les morses, les guillemots, les marmettes ou les phoques, lutter pour leur survie devant le déclin accéléré d'une banquise atrophiée par une chaleur nouvelle. Nous avons écouté les Inuits raconter leur désarroi devant la rapidité de tous ces changements climatiques qui affectent toutes les formes de vie. Nous avons aidé certains villageois, victimes de la montée considérable du niveau des océans, à déménager leurs frêles maisons perchées à flanc de colline que le pergélisol en fonte ne pouvait plus supporter. En Arctique, nous avons accumulé les preuves contre l'humanité, comme l'avaient prédit les éminents scientifiques de la planète.

Cette année là, en 2002, dans un affrontement mémorable avec une banquise impitoyable, *Sedna IV* a finalement franchi le passage du Nord-Ouest, devenant le septième voilier de l'histoire de la navigation à réussir cet exploit en une seule saison et sans assistance extérieure. Pour l'époque — et il n'y a pas si longtemps —, c'était tout un exploit. Aujourd'hui, le fameux passage est libre de glace en été, et les petits voiliers s'amusent à franchir cette route maritime historique qui a englouti nombre de valeureux explorateurs, victimes d'une banquise intraitable. Aujourd'hui, cette banquise n'est plus que souvenir en été. Les temps changent… et le temps change !

L'avertissement des scientifiques aurait dû être entendu. Mais le sera-t-il, maintenant que nous savons ?

Nanuq, en inuit, signifie ours blanc. Ce grand mammifère marin est bien adapté aux grands froids. Il peut vivre une trentaine d'années. Excellent nageur, l'ours polaire dépend toutefois de la banquise pour, entre autres, chasser le phoque qui constitue sa principale nourriture.

Mission Baleines

Après l'Arctique, l'équipage de *Sedna IV* se lance dans une nouvelle mission. En association avec les scientifiques du New England Aquarium de Boston, ils reprennent la route des anciens baleiniers du siècle dernier, au large de l'Islande et du Groenland, à la recherche des dernières survivantes de l'histoire : les baleines franches ou baleines noires. Il ne reste aujourd'hui qu'un peu plus de 300 baleines noires dans l'Atlantique Nord. Après des mois d'effort et de recherche à bord de *Sedna*, une baleine noire est finalement recensée au large des côtes de l'Islande. L'analyse génétique de cette nouvelle baleine permet d'identifier sa descendance matriarcale, une donnée scientifique essentielle dans le suivi des dernières populations existantes. Cette découverte scientifique ira rejoindre le catalogue des baleines noires de l'Atlantique Nord.

Mission Baleines a aussi permis de suivre et de recenser les autres populations de grands rorquals, comme le rorqual bleu ou le rorqual à bosse, deux autres espèces victimes de la chasse du siècle dernier.

Chassées pour leur huile et leurs fanons dès le début du XIIe siècle, les populations de baleines noires (*Eubalaena glacialis*) de l'Atlantique, ou baleines franches, se remettent difficilement de huit siècles de chasse commerciale intensive. On ne recense aujourd'hui qu'environ 400 survivantes de l'histoire, et elles sont souvent victimes de collision avec les bateaux ou d'empêtrement dans les engins de pêche.

LE DÉBUT D'UNE GRANDE AVENTURE

Larguer les amarres

Après deux années d'organisation, de préparation, de démarches multiples et de travaux importants pour affréter le voilier, le jour du départ arrive enfin. Le moment tant attendu de larguer les amarres sur ce que nous sommes, pour aller découvrir ce que nous souhaitons devenir, nous immobilise, le temps de réaliser, une dernière fois, toutes les implications de notre décision. En ce grand jour, nous laissons sur le quai des solitudes familles et amis que nous aimons tant, terrible image à ressasser au cours des centaines de jours et de nuits à venir. Déchirante séparation pour aller chercher des réponses sur l'état de la planète, mais aussi sur l'état de ce que nous sommes devenus. Pour les quinze prochains mois, ne resteront que ces photos, quelques mots lancés dans un univers virtuel et des mémoires du temps passé ensemble, triés méticuleusement pour ne retenir que le plus beau, qui réconfortera les soubresauts de l'inévitable brisure.

Ce départ n'est que l'aboutissement d'une longue réflexion. Curieusement, l'étape la plus difficile n'est pas de franchir la ligne des au revoir. Nous avons connu pire, au moment où nous avons arrangé notre fuite, aménageant notre refuge intérieur à grands coups d'isolement imposé. Cette étape essentielle, mais brutale, permet aujourd'hui de transformer les lames de fond intérieures en simples ruisseaux d'eau salée mouillant le rivage de nos visages tournés vers les incertitudes de l'aventure. Maintenant, nous sommes prêts à affronter le voyage et l'inconnu. Certes, le doute persiste encore et encore, éternel questionnement qui érode les fondements de notre conscience. Au-delà des apparences, l'armure du marin demeure fragile. Il faudra braver, de façon régulière, les tempêtes du temps aux souvenirs bouleversants. Mais les marins ont appris à fuir. C'est d'ailleurs ce que nous faisons le mieux.

Quand le temps de rompre les amarres s'impose, le départ devient un choix qui se moque de la raison et de la logique. À certaines étapes de la vie, il devient aussi essentiel que vital. L'appel du grand large est plus fort que tout, sans doute. Nous sommes ainsi faits, de voyages, de fuites et d'un insatiable besoin de liberté, saltimbanques de la vie qui ne sauraient survivre autrement.

Ce départ n'est que l'aboutissement d'une longue réflexion.

Sedna dans son sillage, vue vertigineuse à 30 mètres de hauteur.

Le sort de la planète semble étrangement lié à notre propre sort. Nous voilà donc investis corps et esprit dans l'une des plus grandes expéditions des temps modernes, dans une exceptionnelle aventure humaine qui nous mènera jusqu'au bout de la planète. Destination ultime : l'Antarctique, le dernier continent, le bout du monde. Nous acceptons de pousser les limites de notre voilier aux frontières des glaces éternelles, là où les eaux se referment sur toute possibilité d'aller plus loin. Puis, sans trop savoir pourquoi, nous acceptons de franchir nos limites personnelles jusqu'à cette autre destination, plus intérieure, inexplorée, pour découvrir des repères de vie qui permettront de reprendre contact avec l'instinct naturel qui sommeille en nous. Vagues déferlantes des quarantièmes rugissants, des cinquantièmes hurlants ou des soixantièmes grondants, tangage provoqué par ces vagues profondes issu du désir de fouler les sentiers de notre propre solitude pour atteindre l'essence même de ce que nous sommes. L'expédition discrète et ténébreuse de l'impénétrable en soi est souvent plus périlleuse que sommets à gravir ou mers hostiles. Ce périple outre-mer ne serait-il que prétexte à la découverte de nos terres intérieures ? Le véritable voyage risque donc de questionner le temps, celui qu'il fait, certes, mais aussi celui qui passe.

Aujourd'hui, nous coupons les ponts avec ce que nous sommes devenus, avec ceux et celles que nous aimons, sans trop connaître les conséquences d'une telle décision. Le doute persiste, encore et toujours, mais nous larguons les amarres devant les mains tendues qui nous saluent, malgré les remords et malgré tout. Aujourd'hui, en allongeant une dernière fois le regard vers ce port d'attache qui se détache, notre vue s'embrouille, noyée par des vagues douces-amères au goût de mer qui coulent en joues. Aujourd'hui, malgré l'incertitude et l'angoisse du moment, nous savons que nous avons fait le bon choix.

L'albatros est un planeur exceptionnel et majestueux. Il utilise les vents forts pour voyager sur de très longues distances.

Cap au Sud

Enfin, le large. L'étendue sans fin. Il n'y a que le large pour redonner au marin la véritable portée de son regard. Quand le bleu de la mer se fond à la couleur de ses yeux, le marin sait qu'il est dans la bonne direction, qu'il a pris le bon chemin, celui qui permet au regard de se perdre sur un horizon sans fin. Il n'y a que le large pour étirer le regard sans limites, sans paysage d'arrière-scène, sans référence et sans terre. Tout est là, simple et sans fin. Tout et rien à la fois. Un tout qui appelle indubitablement vers le large, invitation nouvelle à voguer désormais sur les flots de l'inconnu. Un rien aussi, puisque l'horizon n'est qu'infini et néant, presque nu au regard, mais que j'imagine déjà riche et débordant d'aventures au-delà de ce vide d'apparence.

Sur le golfe du Saint-Laurent, grand fleuve qui marche et s'aventure fièrement en terres d'Amérique, nous rejoignons rapidement l'Atlantique. Dans le sillage des grands marins d'hier, nous nous lançons sur un océan d'espoir, questionnant le temps et comparant les époques. Marins d'hier, qui ont connu l'abondance des mers, à une époque où l'homme ne limitait son carnage océanique qu'en raison des limites de ses connaissances et de sa technologie. Marins d'aujourd'hui, qui peinent à trouver leur maigre pitance dans les entrailles d'océans qui ne représentent plus que les restes émiettés à la grande table de nos abus océaniques. Au large des Grands Bancs de Terre-Neuve, nous croisons les flottilles de pêche qui fouillent les entrailles de la mer à la recherche de leur butin. Ce sera la première image forte de cette expédition, le premier tableau qui s'offre à nous, pour nous rappeler ce que nous sommes devenus. Des flottilles au combat contre la vie, comme des cortèges d'innocence, d'insouciance.

Aujourd'hui, encore, ils sont là. Ces marins nouveaux, pêcheurs venus d'un peu partout, sont rassemblés ici pour soutirer les derniers grands poissons, à grands coups de filets dans les réservoirs de l'avenir. Les derniers grands spécimens sont aussi les derniers géniteurs d'espèces. Des millénaires d'évolution, dans la chair prisée et blanche d'innocence. À chaque bouchée du dernier, le grand prédateur de la vie avale une partie de son histoire oubliée.

Le passé, le présent, mais toujours le même désir de tout recueillir, de récolter les fruits de la terre et de la mer, jusqu'à en perdre toute notion naturelle de viabilité, de persistance et de permanence.

Quand comprendrons-nous que nous dépendons de cette nature pour vivre et survivre ? Faut-il un dernier arbre pour protéger la forêt, ou un dernier poisson pour respecter nos océans ? Le Grand Bleu paraît pur et cristallin, mais il cache une souffrance réelle dans son grand vide. Notre vide. Vide de partage, de compréhension, de compassion, mais surtout vide de sens. Tout ce plaidoyer silencieux dans une seule image de départ. Qu'elle est vague cette fierté du legs laissé aux générations futures !

Notre route de navigation tient compte des vents dominants et des courants. Cette voie maritime, empruntée régulièrement par les grands voiliers, nous amènera aux Açores, puis au Cap-Vert, au large de l'Afrique, avant de nous faire retraverser l'Atlantique d'est en ouest vers le Brésil, en direction de l'Argentine.

Nous progressons bien. Nous conservons une vitesse moyenne de huit nœuds depuis le départ. Cette nuit, les alizés gonflent nos voiles et les dauphins nous accompagnent. Nous ne les voyons pas, mais nous les entendons fendre l'eau devant l'étrave. Le ciel scintille, suffisamment pour nous permettre de discerner les contours d'une île qui se dresse devant nous. Un agréable parfum de terre s'infiltre à la timonerie, doux effluves d'escale qui rassemblent une bonne partie des équipiers. Le prochain arrêt suscite notre curiosité. Nous sommes en Afrique, à quelques milles à peine des îles du Cap-Vert. J'ai toujours été attiré par l'Afrique, sans trop savoir pourquoi. Demain, aux premières lueurs du jour, nous toucherons terre !

Alors que je suis penché sur le pont du voilier, le simple reflet de ma silhouette, réfléchie sur cette psyché sans fin, me renvoie une certaine image que je cherchais depuis longtemps.

L'infini est donc grand. L'infini est donc aussi fragile.

Debout devant le Grand Bleu, infléchi devant ce miroir qui dissimule l'au-dessus et l'au-dessous, je ne perçois aujourd'hui que du bleu. Et pourtant, demain, à travers ce même bleu et ces mêmes yeux, je souhaite voir et comprendre davantage. J'aurai alors exploré, je l'espère, l'au-dessous et l'au-dessus, en questionnant forcément l'au-delà.

Bleus de tes flots qui nous portent vers le sud. Bleu de ce ciel qui nous souffle l'alizé, force motrice venue du nordet, qui gonfle nos voiles et nos cœurs d'espoir pour ce qui se cache derrière cet horizon sans fin. Car il sera long le voyage, celui d'une vie, sens unique imposé vers l'intérieur pour ceux et celles qui se laisseront pénétrer par eux-mêmes. Tous les efforts d'hier valent bien ces petits bonheurs d'aujourd'hui.

Le calme de cette journée en déclin réconforte. Beaucoup plus tard, sur la route des vagues, je sais que je me perdrai en craintes et même en supplications éplorées pour la clémence de Neptune. Je pesterai sans doute contre la vie, devant la peur de me voir avalé par si puissant, par si grand. Tellement grand. Vaste, colossal, immense, monumental, démesuré. Infini…

L'escale au Cap-Vert

On ne mesure pas assez la pauvreté du monde avant d'y faire véritablement face.

Un sourire de la rue à Mindelo, au Cap-Vert.

Nous voilà à Mindelo, petite ville de l'île de São Vicente, au Cap-Vert. Le Cap-Vert, c'est l'Afrique. Et l'Afrique, trop souvent, c'est cette partie du monde que l'on oublie. Oubli volontaire ou peur dissimulée de nous voir confrontés à ce que nous sommes ? Car accepter de porter un regard sur l'autre, c'est aussi consentir un regard sur qui nous sommes. Devant tous ces jeunes sourires de pauvreté qui nous poursuivent dans la tristesse profonde de la ville, nous ne pouvons que comparer. Et ici, la comparaison fait mal. Nés du bon côté de la vie, nous refusons trop souvent de voir une certaine réalité, une certaine injustice. Une injustice certaine. Parce que nous n'avons pas choisi ce que nous sommes, nous refusons d'admettre. Parce que nous n'avons pas choisi notre lieu de naissance, nous refusons de porter un regard véritable sur ceux et celles que nous avons choisi d'ignorer. Ici, au large d'une Afrique à l'avenir noir comme le destin, la comparaison fait mal. Elle rassure peut-être certains, qui se croient simplement chanceux et privilégiés d'être nés du bon côté de la vie. Mais elle en questionne aussi beaucoup d'autres, qui se demandent simplement pourquoi nous acceptons aussi aisément l'indifférence et l'injustice sociale. Aujourd'hui, plus que jamais, j'en suis. Aujourd'hui, plus que jamais marqué par tous ces sourires de la rue, je questionne la vie, mes inconforts et mes sempiternels remords de n'être que ce que je suis.

Pourtant, saoulé d'images préfabriquées et de perceptions d'influences falsifiées par le fruit de l'imagination, je rêvais cette escale avec une candeur nonchalante, peut-être même un peu volontaire. Quand nous levons le voile qui dissimule délibérément nos propres illusions sur la simple réalité de la vie, nous saisissons mieux notre incapacité à voir et à comprendre tous les défis de partage qui nous incombent.

J'imaginais à tort le Cap-Vert comme un chapelet d'îles presque exotiques, perdues au large de l'Afrique. La distance des côtes, peut-être, justifiait cette brisure économique et sociale inventée. J'imaginais un Cap-Vert joyeux, avec ses palmiers et sa langue chantée, celle de Cesaria Evora, chaude et rythmée. Le Cap-Vert inventé par mon esprit jovial, avec ses enfants qui courent entre les vagues sur les plages de sable blanc et ses pêcheurs qui nous saluent au passage, leurs barques chargées à ras bord des thons, des dorades, des langoustes et autres délices d'une mer féconde et généreuse. Le Cap-Vert, avec ses fruits exotiques disposés sur les étals des marchés publics, goyaves aux arômes des tropiques ou papayes aux couleurs du soleil. Voilà l'image que je me faisais de ce petit paradis perdu au milieu de l'Atlantique. Les sourires sont bien au rendez-vous, mais ils ne sauraient traduire la joie de vivre, du moins, pas selon nos standards du bonheur. Ici, la réalité rattrape vite les faux espoirs et rappelle que l'imagination ne s'inspire que de ce qu'elle veut bien féconder.

Comment ne pas être touché par ces enfants aux pieds nus qui nous demandent la charité ? Et comment, par la même occasion, ne pas porter un regard intérieur sur ce que nous sommes ? Comment ne pas nous comparer pour mieux apprécier notre sort, pour nous réjouir, en honte et en silence, d'être nés du bon côté de la vie ? On ne juge pas, on constate. Puis on se sent mal, terriblement coupable de n'être que ce que nous sommes. On ne mesure pas assez la pauvreté du monde avant d'y faire véritablement face.

Pendant nos allers-retours réguliers entre le voilier et le marché au poisson, on reconnaît déjà des visages, des femmes et des enfants, condamnés à leur trottoir, avec quelques bananes ou poivrons qui rapporteront peut-être assez pour la journée. Les enfants attendent les mères à proximité ou essaient d'apporter leur contribution en mendiant aux étrangers comme nous. Mais nous sommes si peu. Le Cap-Vert n'a rien de la destination touristique des grandes agences qui vendent de l'exotisme au rabais. Trop pauvre, trop sale, pas assez bienséant et peut-être même un peu trop noir. Et pourtant, ce peuple nous accueille, nous invite et nous offre ce qu'il a, c'est-à-dire bien peu pour ceux et celles qui ne savent pas regarder de l'intérieur. Ici, le regard de la pauvreté s'exprime à travers l'enfant, comme une longue lame tranchante qui vient nous arracher une partie du cœur. Dans ces moments, nous maudissons presque ce que nous sommes.

On se demande alors pourquoi tant d'iniquité sociale, pourquoi tant de différences entre les peuples. Certains parleront de couleur de peau. Mais notre court passage au large de l'Afrique n'explique pas tout. J'ai vu des enfants de toutes nationalités me jeter le même regard envieux. Ils ne connaissent pourtant rien de moi. Ils ne savent même pas si je suis heureux. Et pourtant, dans leurs regards d'enfants, je sens ce désir d'intervertir les rôles, de changer de place avec moi, pour prendre un peu de ma vie, sans même savoir. Car, pour eux, rien ne

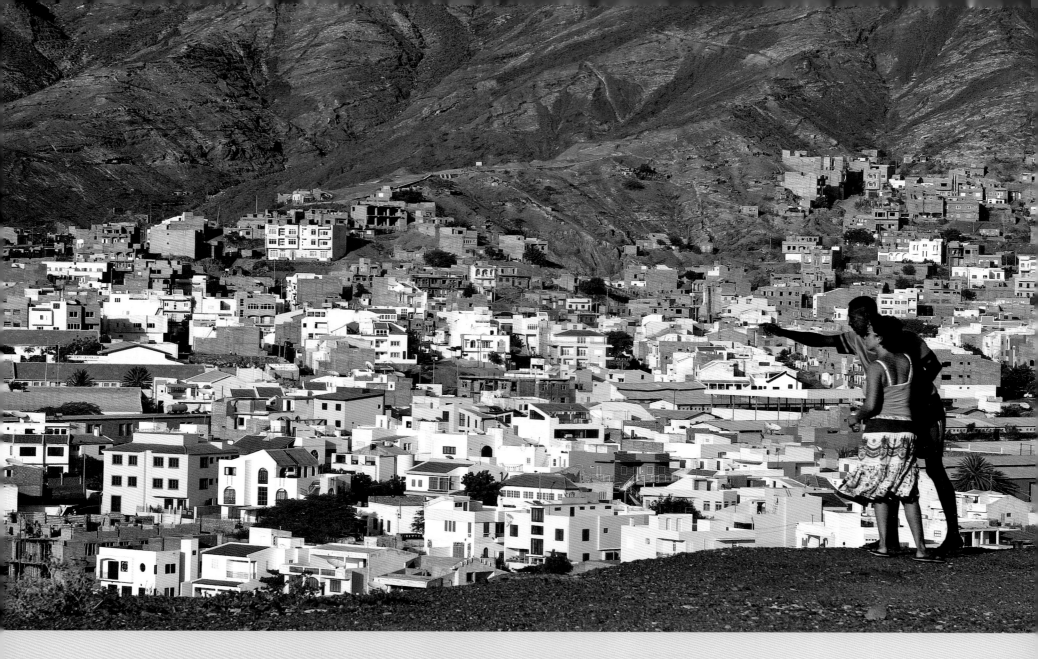

peut être pire que le quotidien, quand chaque jour attire sa peine et qu'il faut trouver de quoi calmer l'appétit. Manger, tout simplement. Boire, tout naturellement, une eau qui ne tuera pas. Un besoin si élémentaire.

Je ne parle pas de se vêtir convenablement ou de trouver des chaussures pour ces petits pieds nus, durcis et déjà marqués par le temps. Certes, les enfants sont beaux, et leurs sourires touchent droit au cœur. Sur les photos que nous rapportons, ça sent presque la goyave et la papaye. Certains d'entre nous – les plus philosophes sans doute – diront que ces photographies rappellent que nous, citoyens de l'opulence, n'avons pas besoin de tout ce que nous avons. Que la vie, c'est ça : une belle petite communauté insulaire aux mœurs et coutumes ancestrales, vivant de la pêche, de la cueillette des fruits, en chantant sa culture dans le labeur. Ceux-là porteront le regard de l'anthropologue d'estrade, qui ne juge que sur ce qu'il a lu. Ils oublieront sans doute que, derrière chaque sourire d'enfant, se cache un espoir : celui de voir tout cela changer, un jour, pour simplement calmer les besoins vitaux : la faim, la soif.

Nous avons fait provision de poisson au marché et sommes repartis. Nous avons été touchés par le sort de ceux et celles qui ne veulent qu'un peu plus, qu'une infime partie de ce que nous avons et de ce que nous sommes. Je ne suis même pas certain d'avoir laissé derrière moi ce que cet enfant m'avait simplement demandé : un peu d'espoir dans le regard. Car devant la réalité du monde, souvent, on baisse les yeux pour ne pas trop voir…

Regards sur la petite ville de Mindelo, au Cap-Vert.

Coucher de soleil sur l'équateur.

00°00'00"

Sedna glisse en toute quiétude dans la zone du pot au noir, ce secteur où les vents sont presque toujours absents en raison de sa position équatoriale entre les deux grands systèmes atmosphériques dominants du nord et du sud.

Le 13 octobre à 20 : 02 : 48 UTC, nous franchissons la latitude 00°00'00", l'équateur de la Terre, en longitude 31°27'.085 à l'ouest de Greenwich. Tout l'équipage se regroupe à la timonerie pour fêter ce passage important, cette autre grande étape pour notre voilier qui accumule, bon an mal an, ses lettres de noblesse dans le grand livre de l'histoire de la navigation.

Pour souligner notre arrivée dans l'hémisphère Sud, Éole nous envoie quelques bonnes rafales de vent inattendues. *Sedna*, toutes voiles dehors, tangue légèrement mais encaisse les coups de vent sans broncher. Nous filons à vive allure. Puis, dans un grand fracas, l'écoute de la grand-voile cède d'un coup au niveau de la bôme supérieure. Il faut aller fixer le tout, à plus de 30 mètres de hauteur, par 30 nœuds de vent. Nous réagissons au quart de tour, et la réparation s'effectue rapidement. Plus de peur que de mal. Comme un malheur n'arrive jamais seul, un câble d'alimentation s'est sectionné et nous avons perdu une phase de courant. Résultat : trois convertisseurs de courant ont succombé, mais, surtout, notre désalinisateur à osmose inverse a grillé ! Impossible de réparer. Il ne reste plus que 6 500 litres d'eau douce dans nos réserves et encore des semaines à parcourir avant la prochaine escale. Nous devrons rationner l'eau potable !

Il fait une chaleur d'enfer et les marins du Nord peinent à trouver le sommeil. Dans la nuit, une autre poisse… Le compresseur d'un de nos onze congélateurs rend l'âme, forçant Joëlle, notre cuisinière, à tout réorganiser. Or nous affichons déjà complet au rayon des surgelés puisque nous avons chargé plus de 24 tonnes de nourriture pour le voyage… Il faudra donc se résigner à faire cuire près de 200 croissants et chocolatines, en plus du porc, du poulet et de cette charmante petite « bête aux grandes oreilles et à la queue touffue » qu'on ne nomme jamais à bord d'un voilier sous peine de mauvais sort. Le menu des prochaines semaines risque d'être quelque peu répétitif… Malgré les efforts et la bonne volonté de Joëlle, qui passe ses journées aux fourneaux sous cette chaleur accablante, nous sommes contraints de larguer certains plats surgelés offerts par nos amis cuisiniers, des petits festins que nous gardions en réserve pour les grandes occasions. Adieu canard, maki d'omble fontaine et autres délicatesses du palais. Nous vous avions réservé une place de choix au menu d'hiver, quand le temps pèse de tout son poids et que le moral des troupes réclame une bonne dose de réconfort. En condition d'isolement, il n'y a rien comme les petits plats raffinés. Et durant les périodes de grande solitude, les seules jouissances véritables passent souvent par la bouche…

Une si petite planète

Nous naviguons maintenant à une vingtaine de milles au large des côtes du Brésil, dans des eaux qui dépassent rarement les 50 mètres de profondeur. Chaque année, au printemps, ce secteur de la côte grouille de vie. Nous croisons des baleines à bosse et décidons de larguer *Musculus*, notre premier bateau pneumatique. Les caméras sont prêtes à immortaliser la rencontre. Depuis notre départ, nous avons parcouru plus de 10 000 kilomètres, et nous ressentons toujours ce sentiment plus fort que tout : nous vivons sur une bien petite planète… Un mois pour quitter l'Amérique du Nord, rejoindre l'Europe, courtiser les côtes de l'Afrique du Nord avant de retraverser l'Atlantique pour lorgner du côté de l'Amérique du Sud. Nous avons laissé derrière nous un climat tempéré pour naviguer en climat tropical. Nous avons franchi l'équateur et changé d'hémisphère.

Peut-être faut-il voyager ainsi pour comprendre la petitesse de notre planète. Peut-être faut-il voyager ainsi pour, malheureusement, constater aussi la petitesse de notre attitude environnementale. Comment ne pas comprendre que tout est lié, que tout est toujours lié sur cette planète ? Nous pensons, à tort, que nos gestes n'agissent que dans notre cour. Que notre influence sur l'environnement planétaire ne se mesure pas, tellement elle est négligeable. Pourtant, il suffit de prendre les quelque six milliards d'humains avec cette pensée commune pour obtenir le triste portrait de notre réalité environnementale actuelle.

Nous faisons route vers la péninsule antarctique, l'endroit le plus touché par les changements climatiques. Sous ces latitudes, aucun développement industriel et nulle usine polluante. Pourtant, à cet endroit, les effets de l'activité humaine se ressentent plus que n'importe où ailleurs. La péninsule antarctique s'est réchauffée cinq fois plus rapidement que le reste du globe au cours des dernières décennies, résultat de l'appétit insatiable des hommes pour les ressources fossiles de la planète.

Aujourd'hui, le continent de glace verse des larmes devant une chaleur nouvelle. Loin l'Antarctique ? Pas vraiment. Plutôt près quand on pense à la grande machine climatique planétaire. L'eau de la mer équatoriale sur laquelle nous naviguons a déjà transité par l'Antarctique. Les océans participent efficacement à la régulation de la température moyenne de notre planète en dispersant la chaleur, selon un système complexe de courants, alimentés par le jeu des différentes couches d'eau océaniques, aux températures et aux densités différentes.

Les grands vents atmosphériques transitent aussi par les pôles, entraînant dans leur voyage les particules et les polluants de nos usines, les rejets de nos activités industrielles. En Antarctique, la plupart des polluants recensés proviennent des activités industrielles et agricoles de l'hémisphère Nord ! Ils se mesurent dans l'air, la glace, les plantes et les animaux. Dans les excréments des manchots de l'Antarctique, on retrouve maintenant des polluants organiques persistants, mieux connus sous le nom de Pop. Ces insecticides, herbicides et autres substances chimiques dangereuses pour l'environnement n'existent pas à l'état naturel. Ils se décomposent donc très lentement dans les écosystèmes marins et terrestres, contaminant tous les niveaux de la chaîne alimentaire. Aucun de ces produits n'est fabriqué ou utilisé en Antarctique et pourtant, les taux de concentration des Pop ne cessent de croître dans ce secteur, hors de tout contrôle. Aujourd'hui, les effets des changements climatiques bouleversent la vie un peu partout sur la planète. Que l'on soit des Amériques, d'Europe, d'Asie ou d'Afrique, nous dépendons tous de l'Antarctique pour notre survie.

Quand nos regards portent vers l'horizon sans fin, on ne voit souvent que le néant, le grand vide. Mais on voit bien ce que l'on veut voir car, au-delà de cet horizon, il y a tout le reste et, peut-être trop souvent, surtout, ce que l'on refuse de voir. À n'en pas douter, nous vivons sur une bien petite planète. Une planète qui ne demande qu'un effort collectif pour que nos enfants et les enfants de nos enfants puissent continuer à apprécier ses beautés.

Peut-être faut-il voyager ainsi pour, malheureusement, constater la petitesse de notre attitude environnementale.

Une femelle rorqual à bosse (*Megaptera novaengliae*) et son baleineau.

La baleine à bosse

La majorité des groupes de baleines que nous avons croisés cachaient un jeune, souvent dissimulé entre la femelle et l'escorte. Les escortes sont des mâles qui accompagnent les femelles dans le dessein évident de se reproduire. Les baleines à bosse, aussi appelées jubartes ou mégaptères, trouvent en ces eaux les conditions idéales pour commencer l'apprentissage des baleineaux qui se nourrissent encore du lait maternel, riche à 50 % de matières grasses. Quelques mastodontes rencontrés devaient atteindre les 15 mètres de longueur et peser plus de 45 tonnes. Les souffles, puissants, sont régulièrement venus nous asperger durant le tournage en pneumatique. La curiosité des baleineaux représente toujours un atout pour le cinéaste animalier qui rêve souvent à cette exceptionnelle intimité entre l'homme et l'animal.

Chaque baleine possède sur sa queue un patron de pigmentation qui lui est propre, comparable à l'empreinte digitale chez les humains. Un peu à la manière des policiers qui recherchent un coupable, les biologistes compilent soigneusement les photographies pour remonter la piste, pour tenter de recréer la petite histoire de chaque baleine photographiée. En comparant les dates des prises de vue et les positions d'observation, les biologistes réussissent à lever le voile sur la vie de ces animaux qui ne viennent en surface que pour respirer. Ainsi, des années d'efforts et de photographies ont permis d'établir des patrons de migration précis pour cette espèce. Nous avons identifié quelques individus en photographiant la partie ventrale de leur queue. Ces photos iront rejoindre le grand catalogue de photo-identification des rorquals à bosse de l'Atlantique Sud.

Queue de rorqual à bosse portant des cicatrices de morsures d'épaulard sur le lobe droit. Les épaulards sont des prédateurs de plusieurs espèces de baleines.

Chaque baleine possède sur sa queue des marques distinctives, telles des empreintes digitales, permettant de l'identifier.

Buenos Aires :
regards sur nous-mêmes

Nous avons fait escale à Montevideo, en Uruguay. Il était temps. Sans eau potable depuis quelques jours, nous n'avions eu d'autre choix que d'entamer sérieusement les réserves de vin prévues pour l'expédition. Non mais, un corps sans liquide risque la déshydratation !

Nous avons remonté le grand fleuve d'Argent, le río de la Plata, et sommes arrivés à Buenos Aires au petit matin. Notre escale ici durera une semaine, temps minimum pour préparer la prochaine année. À partir d'ici, tout doit être parfait, car les bris mécaniques pourraient avoir des conséquences majeures sur l'expédition. Buenos Aires constitue notre dernier arrêt avant la longue route vers les îles subantarctiques, et il faut maintenant faire les provisions nécessaires pour le reste du voyage. Cette semaine, nous devons déjà organiser toute la logistique pour l'achat et le transport de la nourriture et du carburant qui seront acheminés par brise-glace, en mars prochain… L'erreur ou les oublis ne sont plus permis, et nous serons condamnés désormais à vivre avec les choix que nous ferons cette semaine.

Buenos Aires est charmante. Avec son tango, son architecture magnifique et ses couleurs européennes. Mais Buenos Aires, comme toutes les villes du monde, possède ses avenues opposées. À quelques minutes des quartiers branchés de la ville, la dure réalité nous rattrape, comme une autre gifle au visage qui vient nous rappeler les inégalités de la vie. Hier matin, à l'aube, Charles et Michel sont allés courir. Pour éviter de revenir sur leurs pas, ils ont décidé de prendre à gauche, juste après le petit viaduc qui surplombe l'autoroute. Ils auraient pu choisir la droite. Ils auraient été alors dans le quartier des affaires. Mais ils ont choisi d'aller à gauche. La gauche, souvent, c'est l'avenue du peuple. Or, ici, le peuple ne vit pas dans ce que nous voyons de Buenos Aires. Pour rester dans les normes et voir ce qu'il faut voir, il faut plutôt tourner à droite…

À gauche, les rues ne sont pas vraiment des rues et les maisons, pas vraiment des maisons. Quelques tôles froissées, empilées et sales, ou encore une boîte de carton, que l'on recouvre comme on peut, souvent d'une grande bâche bleue pour l'imperméabiliser. Voilà bien souvent tout ce que l'on a comme maison, comme abri, comme moyen de survie. Ici, au cœur du bidonville, à quinze minutes à peine du centre-ville et de ses tours de bureaux, les maisons de fortune se succèdent sans fin. On ne parle plus d'exception ou de malchance. Pour survivre, de véritables petites villes ont poussé dans la grande ville. Pour survivre, certains recyclent tout ce qu'ils peuvent trouver pour confectionner un abri. C'est une situation que l'on retrouve dans toutes les grandes capitales. Peut-être. Mais nous sommes à Buenos Aires, et cette escale représente pour nous le dernier regard porté sur la civilisation. Elle s'imprégnera dans notre mémoire comme le dernier témoignage de ce que nous laissons derrière nous.

Charles et Michel sont allés courir l'autre matin. Ils ont tourné à gauche. On leur avait dit de tourner à droite. Ils ont vu des choses que l'on tente normalement de cacher. Pas par honte ou par fierté mal placée, puisque toutes les grandes villes ont leurs bidonvilles. Personne n'est donc à blâmer, pas plus ici qu'ailleurs. Nous ne comprenons pas toujours bien, mais nous ressentons les choses. Des choses difficiles à expliquer, à comprendre, comme l'injustice, l'inégalité et la pauvreté. Nous ne comprenons pas tout, mais nous ressentons. Charles et Michel sont allés courir l'autre matin. Ils ont tourné à gauche. On leur avait dit de tourner à droite. Mais, avec du recul, ils sont bien heureux d'avoir tourné à gauche. La gauche, bien souvent, c'est l'avenue du peuple…

Souvenirs d'une escale à Buenos Aires.

Les albatros dansent dans le ciel comme de gracieux planeurs que la vie envoie en éclaireurs.

La route
des grands explorateurs d'hier

Nous avons retrouvé la mer avec bonheur, laissant derrière nous Buenos Aires. Les nouveaux membres de l'équipe qui se sont joints à nous tardent à trouver leur pied marin, et nous perdons des joueurs à mesure que les vagues gagnent en intensité. Il faut dire qu'un virus a élu domicile à bord, souvenir d'escale qui risque de faire des ravages à court terme. Les filles sont les premières victimes. L'isolement des marins au long cours les protège efficacement contre les maladies de passage. Nos contacts avec la ville et les gens n'ont pas que du bon. Ils permettent les abus, la maladie et tout ce que nos sociétés véhiculent. Le sommeil, réparateur, semble être la nouvelle activité à bord, au grand malheur de ceux et celles qui doivent continuer à faire fonctionner le navire…

Cette nuit, nous franchissons les quarantièmes rugissants, ces latitudes que la plupart des marins essaient d'éviter. La mer n'est pas si mauvaise, mais nos nouveaux marins ont du mal à s'adapter. Ils supportent difficilement la valse interminable qu'inflige la mer sous ces latitudes. Un étrange sentiment s'est installé à bord. On dirait presque de la tristesse. Peut-être parce que nous nous rendons compte, à cette étape, que ceux et celles que nous aimons sont bel et bien restés derrière. Peut-être est-ce simplement de la fatigue. Je l'espère. Car la route sera longue, et nous aurons besoin de toute l'énergie nécessaire pour affronter le temps, celui qui file et qui ne revient jamais, mais aussi celui qui reste devant nous et que l'on veut parfois oublier…

Les logiciels d'analyse de la météo sont d'une efficacité remarquable. Depuis notre départ, ils nous guident vers les meilleures routes, évitant les situations périlleuses. Chaque jour, nous téléchargeons ces analyses sur Internet pour confirmer ou modifier nos routes. Avec une précision étonnante, ils permettent de prévoir les tendances de façon fiable, jusqu'à soixante-douze heures à l'avance. La technologie moderne et les communications ont considérablement changé la navigation. Les explorateurs d'hier ne pouvaient se fier qu'à leur instinct et à leur expérience pour naviguer sur les mers du monde. Certaines expéditions ont mis jusqu'à soixante-dix jours pour contourner le cap Horn. Nous espérons franchir le passage Drake, qui sépare le cap Horn de la péninsule antarctique, en trois ou quatre jours seulement. Sans moteur, les navigateurs d'hier n'avaient souvent d'autre choix que d'attendre les vents favorables pour progresser. À cette époque, on savait quand on partait, mais on ignorait souvent quand on allait revenir. Et, sous ces latitudes, plusieurs ne sont jamais revenus…

Les explorateurs d'hier ont toute mon admiration. Leurs expéditions n'ont rien de comparable avec ce que nous tentons d'accomplir. Nous sommes bien peu de chose en comparaison avec ces grands navigateurs qui, encore aujourd'hui, nous inspirent et nous ouvrent les voies vers le dernier continent. Sur la route que nous empruntons, nous avons l'impression de partager un peu une autre époque, comme si nous étions toujours dans le sillage des grandes barques d'autrefois. Parce que vous nous laissez emprunter les voies que vous avez ouvertes, et surtout parce que vous nous permettez de réaliser nos rêves de grands enfants, merci, messieurs ! De Gerlache, Shackleton, Cook, Amundsen et les autres, chapeau !

Nous sommes bien peu de chose en comparaison avec les grands explorateurs d'hier qui ont toute mon admiration.

Sous un bon vent portant, les voiles sorties en ciseau ont permis à *Sedna* d'atteindre des pointes de vitesse de 10 nœuds.

Malouines ou Falkland :
beauté et harmonie

Le spectacle de la nature s'offre à nous comme une suite de tableaux impressionnistes que l'œil a du mal à enregistrer, tellement les éléments s'harmonisent de façon naturelle. On ne parle pas assez de ce coin de planète perdu au milieu de l'océan Austral. Ici, la faune a peu de prédateurs. Ici, l'humain n'est qu'un animal comme les autres.

En touchant terre, je me suis isolé dans cette nature inspirante. Pendant des heures, j'ai simplement partagé une certaine solitude avec ces oiseaux, laissant les plus téméraires m'approcher, me toucher même. Entre les vols des cormorans, la complainte amoureuse des albatros et le toilettage des gorfous sauteurs, j'ai senti poindre en moi une portion d'éternité, un moment qui me rappelle pourquoi je suis parti, pourquoi j'ai tout quitté, encore une fois.

Cette nature que l'on observe nous enseigne l'équilibre. En notre absence, elle s'harmonise et s'autocontrôle avec grâce et beauté. Non que l'humain doive s'en exclure – loin de moi cette pensée. Au contraire, il doit s'en rapprocher pour mieux y trouver sa place. Inutile de mettre en parc ou de tout cloisonner pour protéger. Il suffit souvent de montrer tout simplement la beauté du monde pour inspirer le respect. Mais tant de beautés n'arrivent malheureusement pas à faire oublier les défis de conservation auxquels font face les îles Malouines. Tant de beautés cachent souvent une grande fragilité. Plus de 60 espèces d'oiseaux marins nichent sur les îles, et près de la moitié d'entre eux dépendent directement des ressources de la mer pour leur survie. Or les humains exploitent de plus en plus les ressources halieutiques de ce secteur, et la compétition pour la même nourriture est inégale. D'un côté, les flottes de navires de pêche qui, avec des outils de plus en plus performants, pillent les mers de façon souvent irresponsable. De l'autre, les manchots et autres espèces d'oiseaux marins qui peinent à trouver une nourriture devenue de plus en plus rare. Certaines espèces, comme les gorfous sauteurs, ont vu leur population diminuer de façon inquiétante au cours des vingt dernières années. On recensait près de 2 500 000 paires de gorfous sauteurs sur les îles au milieu des années 1980. On n'en compte plus aujourd'hui que 300 000 paires. Le manque de nourriture serait à l'origine de ce déclin important. Et cet oiseau figure maintenant sur la triste liste des espèces menacées.

D'autres espèces, comme les manchots papous ou les manchots de Magellan, ont également vu leurs populations chuter de façon importante en raison de la réduction des stocks de poisson. Les années 80 et 90 ont été particulièrement difficiles pour les différentes espèces de manchots qui nichent sur les îles. Ces années correspondent à l'augmentation de l'effort de pêche au large des îles. Mais nombreux sont ceux qui pensent plutôt que le déclin des populations est dû aux changements environnementaux qui affectent l'océan Austral. Pour l'ensemble des colonies de manchots, les scientifiques ont noté une dangereuse diminution de 84 % des populations d'origine. Il reste aujourd'hui aux îles Falkland environ 297 000 paires de gorfous sauteurs (déclin de 88 %), un peu plus de 100 000 paires de manchots de Magellan (déclin de 78 %) et quelque 65 000 paires de manchots papous (déclin de 45 %).

Les Malouines et les îles subantarctiques ne sont plus isolées du reste du monde. Les hommes ont découvert les richesses d'une mer abondante sous ces latitudes, au grand malheur de toutes les espèces qui, depuis que le monde est monde, vivent selon les lois de la sélection naturelle : les plus forts survivent et les plus faibles périssent. Bravo à nous, nous avons gagné contre quelques millions de manchots ! Quelle belle victoire pour l'humanité !

Charles, Geoff et Mario savourent des morceaux d'iceberg.
Selon la tradition, un verre de rhum rafraîchi par la glace millénaire du premier iceberg rencontré doit être servi à l'équipage.

Un groupe de manchots papous (*Pygoscelis papua*) niche dans une zone minée, vestige de la dernière guerre entre l'Argentine et l'Angleterre.

DANGER MINES

J'ai senti poindre en moi une portion d'éternité, un moment qui me rappelle pourquoi je suis parti, pourquoi j'ai tout quitté, encore une fois.

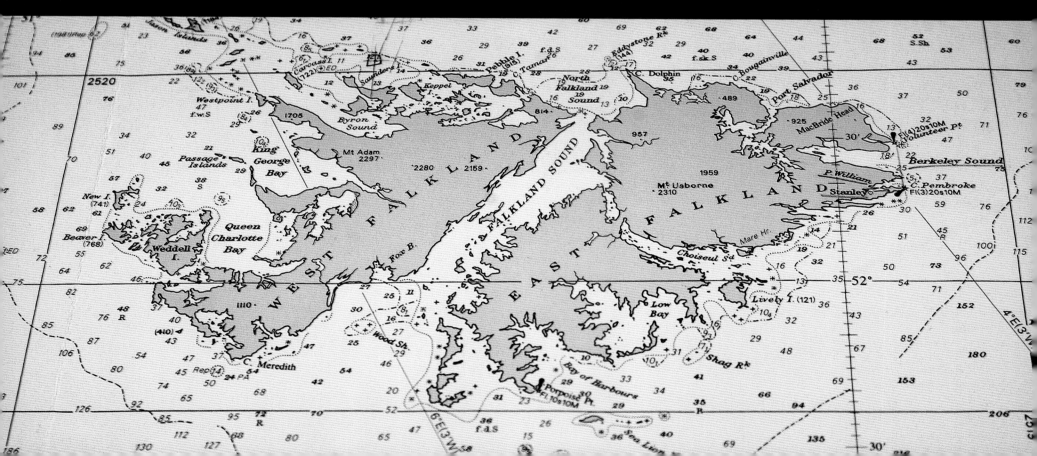

L'albatros à sourcils noirs (*Diomedea melanophris*) est une espèce menacée en raison des activités de pêche dans l'océan Austral.

Le cormoran impérial (*Phalacrocorax atriceps*) adulte en période nuptiale porte des couleurs éclatantes sur le dessus du bec. Cette espèce, comme les autres cormorans, poursuit ses proies sous l'eau et capture de petits poissons à l'aide de son bec crochu.

Plus de 60 espèces d'oiseaux marins nichent aux Malouines

Ce manchot papou a chaud. Il fait du flutter gulaire, ou halètement. Ce comportement permet de dissiper la chaleur chez les oiseaux.

Chez les manchots papous, mâles et femelles se partagent la couvaison. La femelle pond deux œufs, mais elle est en mesure d'en pondre un troisième si les deux premiers sont perdus.

Le manchot de Magellan (*Spheniscus magellanicus*) niche dans des terriers. Au tempérament plutôt nerveux, il se réfugie vite sous terre au moindre dérangement. Cette espèce est menacée de façon importante en raison de la diminution des stocks de poisson.

Ce gorfou sauteur (*Eudyptes chrysocome*) profite de la présence d'une source d'eau douce près de la colonie pour se désaltérer. Cette population a diminué de façon inquiétante au cours des vingt dernières années.

Plus de 15 % de la nourriture des albatros est composée de rejets provenant des bateaux de pêche.

La pêche à l'albatros

Plus de soixante espèces d'oiseaux marins nichent aux Malouines. Les îles abritent la plus importante colonie de gorfous sauteurs (300 000 couples) et elles servent également de refuge à 80 % de la population mondiale d'albatros à sourcils noirs, une espèce menacée en raison des activités de pêche dans l'océan Austral.

Les pêcheurs à la longue ligne sont les principaux responsables du déclin des populations d'albatros, qui se nourrissent principalement de poissons, de calmars et de krill. Plus de 15 % de la nourriture des albatros est composée de rejets provenant des bateaux de pêche. Si cet apport peut paraître bénéfique à court terme pour les albatros, il constitue également la pire menace à long terme. Habitués à suivre les bateaux de pêche, les albatros se jettent régulièrement sur les palangres, ces longues lignes armées d'hameçons appâtés lors de leur mise à l'eau. Mortellement crochetés, les albatros se noient. Des dizaines de milliers d'oiseaux meurent ainsi chaque année.

Des mesures de protection ont été mises en place pour protéger les populations. Les lignes appâtées passent désormais dans un long tube protecteur qui fait couler directement les hameçons à des profondeurs difficilement accessibles pour les grands oiseaux de mer. D'autres solutions sont également à l'essai, comme la mise à l'eau des lignes la nuit, ou encore l'utilisation de mesures qui effraient les oiseaux. Ces différentes méthodes de protection ont donné des résultats très encourageants, mais elles ne sont pas encore utilisées par tous les pêcheurs. La pêche illégale demeure un problème majeur dans l'océan Austral, et la surveillance des secteurs de pêche, loin au large des côtes, reste un défi pour les autorités locales.

La vente de permis de pêche aux bateaux de toutes les nationalités constitue la principale source de revenus pour les habitants des Malouines. Mais de nouveaux apports économiques sont en développement, au grand désarroi des écologistes. Des bateaux effectuent des relevés sismiques dans le sous-sol de l'océan Austral. Ils recherchent du pétrole…

Nous franchissons les frontières, les pays et les cultures. Toujours, nous faisons face à la même cupidité humaine, à ce désir incessant de tout exploiter au nom du progrès et du développement économique des mieux nantis. Nous sommes au bout du monde, bientôt au cœur des cinquantièmes hurlants, loin, très loin au large. Mais nous ne sommes pas seuls. L'or noir a attiré ici les affamés du pouvoir et de l'argent. Et quand les tempêtes endommageront les plates-formes de forage, que les déversements de pétrole viendront tuer les manchots et les albatros, alors, à ce moment peut-être, nous protesterons. Il sera trop tard, encore. L'argent et l'appât du gain auront triomphé de la faune et de son habitat. On n'arrête pas le progrès, paraît-il…

Grytviken : quand le passé rattrape le présent

Nous naviguons vers la Géorgie du Sud, laissant en poupe les îles Malouines. L'île de Géorgie du Sud abrite l'une des faunes les plus spectaculaires du globe, d'une grande beauté et d'une grande fragilité. Des scènes à couper le souffle. Des millions de manchots, d'albatros, de phoques à fourrure, d'éléphants de mer et autres animaux qui ne manifestent aucune crainte, qui ne se méfient pas de l'homme. Et pourtant…

Notre premier arrêt se fera à l'ancienne station baleinière de Grytviken. Première station établie sur l'île de Géorgie du Sud, elle fut reconnue pendant longtemps comme capitale mondiale de la chasse à la baleine. Ce sont les Norvégiens qui, les premiers, ont découvert tout le potentiel de ce secteur de l'océan Austral. Le 24 décembre 1904, une première baleine harponnée fait son entrée dans la baie de Grytviken. Plusieurs autres stations baleinières sont rapidement érigées sur les côtes de l'île, et le carnage à grande échelle débute. En 1925, les premiers bateaux-usines sont construits. Ils peuvent tuer et dépecer une baleine bleue de plus de 30 mètres en moins d'une heure. En 1930, la seule compagnie Lancing se présente sur les côtes de Géorgie du Sud avec 41 bateaux-usines et 232 bateaux harponneurs.

Les populations de baleines diminuent comme peau de chagrin devant la pression de la chasse qui ne cesse d'augmenter. Les baleiniers doivent naviguer de plus en plus loin au large devant la rareté des stocks. Mais c'est peine perdue. En 1962,

Grytviken demeure la seule station encore en exploitation. Les Japonais tentent désespérément de relancer l'industrie, mais il n'y a plus assez de baleines. La station baleinière de Grytviken est définitivement fermée le 15 décembre 1965. Les compagnies, qui ont engrangé des profits énormes, laissent derrière elles les bâtiments en ruine et les derniers navires à demi coulés. Les registres officiels font état de 175 250 baleines tuées dans le seul secteur de l'île de Géorgie du Sud. Nous savons aujourd'hui que les baleiniers russes n'ont jamais respecté les quotas imposés et que le nombre de prises doit donc être revu à la hausse.

Comment décrire le mélange des scènes qui s'étendent sous nos yeux ? D'un côté, les vestiges d'un lourd passé sanglant, où les hommes ont tué à en perdre la raison. Les victimes étaient innocentes. Elles étaient baleines, phoques à fourrure ou éléphants de mer. La plage de Grytviken est jonchée de bateaux harponneurs en ruine, de fours à fondre la graisse de baleine et de réservoirs, immenses pour l'époque, où l'on entreposait la précieuse huile. Nous fermons les yeux un instant et, avec un peu d'imagination, nous entendons le bruit des manœuvres, nous sentons la terrible odeur de graisse que l'on chauffe pour la liquéfier. Sur le sol, tout autour, des vertèbres, des côtes, des mâchoires et même des restes de fanons en lambeaux. La désolation ! De l'autre côté de la plage, des éléphants de mer nous fixent. Derrière eux, quelques dizaines de phoques à fourrure. Et au-dessus de nos têtes, le vol gracieux des albatros.

Ici, le passé rattrape le présent et la vie côtoie la mort, étrange mélange de sentiments. À droite, ça sent la mort. À droite, on ressent la honte d'appartenir à ceux qui ont tout détruit. À gauche, c'est la vie nouvelle. À gauche, c'est l'espoir de voir la vie renaître, malgré les abus du passé. J'ai souvent le sentiment que nous sommes aujourd'hui au centre de notre avenir, et que nos décisions pour demain détermineront la voie des générations futures. À droite, il y aura sans doute encore la mort. Celle de nos ressources que nous n'avons pas encore appris à respecter. Mais, à gauche, l'espoir véritable de voir les hommes réellement apprendre de leurs erreurs du passé.

En 1904, l'huile de baleine représentait la principale source de carburant. On tuait pour s'éclairer et se chauffer. Le jugement sur le passé est facile

En 1904, l'huile de baleine représentait la principale source de carburant.

La station baleinière de Grytviken a vu le jour en 1904. Après avoir épuisé les stocks de baleines, elle a cessé ses activités en 1965

aujourd'hui mais, quand on s'y arrête vraiment, on constate que, plus ça change, plus c'est pareil… L'île de Géorgie du Sud était en quelque sorte l'Arabie Saoudite de l'époque. On produisait ici l'énergie pour le fonctionnement des villes et des industries. Pas de prix pour l'huile précieuse car, à cette époque, il n'était pas question de sacrifier une certaine qualité de vie. Toujours plus de développement, de croissance et donc toujours plus de demande pour le carburant. Mais pour avoir plus de ce carburant de l'époque, il fallait tuer davantage…

Le parallèle avec aujourd'hui est assez facile à établir. Encore une fois, l'humanité vit une crise d'énergie. Il semble de pas y avoir de prix quand vient le temps de consommer le pétrole essentiel à notre rythme de vie, à notre confort établi. Devant la demande croissante et la crise du carburant qui s'annonce, les prix montent en flèche et les grandes compagnies qui contrôlent l'or noir engrangent des profits faramineux. Elles s'appellent aujourd'hui Shell, Exxon ou Holiburton. Elles s'ap-

pelaient autrefois Larsen's Company, Compañia Argentina de Pesca ou Lancing. Le carburant a changé, les compagnies aussi. Mais le principe demeure : on puise dans les ressources jusqu'à épuisement des stocks, sans respect et sans penser aux générations futures.

On ne tue plus pour le carburant… pas directement. Mais les conséquences engendrées par les guerres pour le contrôle des ressources pétrolières et notre surconsommation des ressources fossiles, entre autres, constituent d'autres formes d'agression. Avons-nous réellement tiré les leçons du passé ?

En Géorgie du Sud, le passé rattrape le présent et la vie côtoie la mort, étrange mélange de sentiments. Sur les plages de l'île, notre regard se concentre à gauche, là où les animaux se rassemblent, là où s'exprime toute la beauté du monde. Mais souvenons-nous qu'à droite, dans les vestiges de notre passé sanglant, ça sent encore la mort…

Vestiges des chasseurs de baleines qui rappellent la triste histoire de Grytviken.

Sir Ernest Shackleton

Nos deux derniers jours à la petite station ba-leinière de Grytviken resteront gravés dans notre mémoire comme un moment historique, inoubliable, un événement incontournable pour tous ceux et celles qui sont passionnés par l'exploration polaire. Ici gît la dépouille d'Ernest Shackleton, mort le 5 janvier 1922, victime d'une crise cardiaque. L'exploit mémorable de cet explorateur représente, encore aujourd'hui, une réelle source d'inspiration pour les explorateurs modernes.

Après la conquête du pôle Sud par Amundsen, Shackleton souhaite organiser la première traversée transantarctique. Il veut être le premier à franchir le continent en traîneau à chiens, une aventure de plus de 3 500 kilomètres. Son navire, l'*Endurance*, un trois-mâts en bois, appareille en 1914. Mais en janvier 1915, le voilier est fait prisonnier des glaces dans la mer de Weddell. Commence alors la longue attente. Shackleton et ses marins espèrent la fissure, l'ouverture qui permettrait à l'équipage d'éviter le terrible hiver antarctique. Mais en vain…

L'*Endurance* demeure prisonnier de la banquise en mouvement jusqu'en octobre 1915. Au printemps, la glace commence à bouger, à se morceler, mais elle exerce sur le navire une terrible pression. Sans solution devant la force de la nature, les hommes doivent se résigner à voir l'*Endurance* broyé par la force intraitable des glaces.

Pendant cinq autres longs mois, l'équipage s'accroche au camp de fortune improvisé sur la banquise en dérive. Les marins se nourrissent de phoques et de manchots. Quand la glace devient trop instable, l'équipage n'a d'autre choix que de s'empiler dans trois petites embarcations de sauvetage et de ramer jusqu'à l'île la plus proche. Miraculeusement, ils réussissent à toucher terre à Elephant Island. Un nouveau camp de base est établi, mais les hommes devront se contenter de peu : le camp ne dépasse pas les 20 mètres de largeur sur 35 mètres de longueur.

Shackleton sait que leurs chances de survie sont bien minces. Avec cinq autres membres d'équipage,

Aujourd'hui, nous avons escaladé une des montagnes qui surplombent la baie. Le 14 novembre 1914, alors que l'*Endurance* fait escale à Grytviken, en route vers le continent antarctique, le photographe de l'expédition de Shackleton, Frank Hurley, escalade la même montagne et prend une photo devenue célèbre de l'*Endurance*, le légendaire trois-mâts. Aujourd'hui, plus de quatre-vingt-dix ans plus tard, *Sedna* a mouillé l'ancre au même endroit, dans la même baie. Nous avons voulu reconstituer ce moment et immortaliser l'instant, à la mémoire d'un grand, sir Ernest Shackleton.

il convertit une des embarcations de sauvetage en petit voilier et met le cap vers l'île de Géorgie du Sud. Le défi de navigation semble irréalisable. Avec un simple sextant et un chronomètre, ils doivent franchir près de 1 500 kilomètres. Ils évitent la catastrophe à plusieurs reprises mais, le matin du 8 mai 1916, Shackleton voit surgir la forme de l'île de Géorgie du Sud au-dessus de l'horizon. Une tempête se forme et les éléments déchaînés entraînent l'embarcation du mauvais côté de l'île. Ils atteignent finalement la terre. Leur seul espoir réside maintenant dans la présence de baleiniers, de l'autre côté de l'île. L'embarcation est trop endommagée pour reprendre la mer. Shackleton décide alors d'organiser la traversée de l'île à pied, affrontant l'imposante chaîne de montagnes qui culmine à plus de 1 500 mètres d'altitude. Leur seul équipement d'alpiniste se résume à leurs vieilles bottes usées, nouvellement équipées de clous arrachés à l'embarcation de secours. Dans un ultime effort, Shackleton et ses hommes rejoignent finalement

la station baleinière de Stromness, après trente-six heures de marche et d'escalade. Débute alors la grande opération de sauvetage pour récupérer l'équipage demeuré sur Elephant Island. Après quatre tentatives, Shackleton retrouve enfin ses hommes, sains et saufs. Son exploit est considéré comme l'un des plus grands actes d'héroïsme et de courage de l'histoire de la navigation.

Shackleton, conquérant infatigable, est revenu sur l'île de Géorgie du Sud avec un nouveau navire six ans après l'échec de sa précédente expédition. Il est mort tragiquement dans la petite baie où *Sedna* est aujourd'hui ancré. Respectant ses dernières volontés, son épouse décida de le faire inhumer ici. Elle aurait dit à ceux qui voulaient bien l'entendre que « l'Antarctique avait toujours été son premier amour... »

Des petits... et des grands

Il serait facile pour nous de pousser la limite permise pour réussir une image « choc », mais nous irions alors à l'encontre de ce que nous voulons.

Depuis que nous naviguons aux abords des îles de Géorgie du Sud, nous avons vu la mer sous tous ses états, sous toutes ses couleurs. Nous avons vu la mer blanche, celle que l'on veut éviter à tout prix, mais qui finit toujours par nous enserrer dans son étau de lames. Aussi, la mer noire, celle de la nuit ou, pire encore, la noire du jour, qui se dresse quand le ciel se charge en lourdes ouates obscures et que le vent siffle à travers les interstices de tout ce qui n'a pas été scellé. Cette mer précède bien souvent la blanche, celle qui commande la fuite ou la cape, ou l'affrontement à grands coups de vent. Les cinquantièmes hurlants méritent leur réputation d'une des mers les plus redoutables de la planète. Quand, dans la nuit, gronde le roulement de la vague qui déferle, on aime soudain se sentir à l'abri sur un voilier d'acier. La nuit dernière, une autre dépression est venue hanter les songes tourmentés de nos marins insomniaques. Pour fuir la tempête, nous avons cherché refuge dans une petite baie. Les rafales ont atteint plus de 150 km/h et les embruns salés des vagues en échouage sur la coque de notre voilier couvraient complètement les fenêtres de la timonerie. Les faisceaux lumineux de nos écrans radar étaient balayés par une pluie torrentielle qui, selon toute apparence, tombait à l'horizontale. Éole semblait prendre un certain plaisir à souffler le grain, à catapulter l'averse avec une force rarement exprimée depuis notre départ. La nuit noire dissimulait la côte et seul le profondimètre est parvenu à nous rassurer par ses mesures de profondeur. Nous n'avons pas fermé l'œil de la nuit. « *By endurance we conquer* », disait Ernest Shackleton. Il en aura fallu de la patience et de l'endurance pour conquérir les îles de Géorgie du Sud, pour accéder à ce coin d'éden qui aime se faire désirer. Mais n'est-ce pas le prix à payer pour accéder au paradis ?

Ici, chaque baie possède son petit secret. À chaque détour, derrière chaque petite butte, nous surprenons une espèce animale. Cette nuit, pour éviter les restes de la tempête de la veille, nous avons trouvé refuge dans la baie d'Ocean Harbour, une autre ancienne station baleinière. Sur la plage, des ossements de baleines jonchent le sol en quantité. Les éléphants de mer et les otaries à fourrure ont élu domicile ici et, faute de ne pouvoir suivre notre plan de travail, nous avons mouillé l'ancre à proximité d'un ancien trois-mâts qui s'est échoué là il y a plusieurs années.

Cette journée, qui s'annonçait comme tout à fait ordinaire, s'est rapidement transformée en journée d'exception. Aujourd'hui, sans que nous sachions trop pourquoi, les jeunes éléphants de mer ont décidé de nous adopter. Curieux, ils se sont approchés de nous sans crainte. Il y avait une telle découverte mutuelle, un tel respect entre l'homme et la bête. Le moment était magique. Pendant de longues minutes, nous avons joué ensemble. Devant la caméra, ils ont posé pour nous. Aujourd'hui, nous avons laissé les animaux choisir. Ils ont décidé de venir à notre rencontre. Nous les avons acceptés parmi nous, avons partagé des moments exceptionnels et nous sommes repartis, débordants d'un bonheur sans nom, conscients du privilège que la nature venait de nous octroyer.

Puis nous avons fait escale à Gold Harbour, un site magnifique qui semble tout droit sorti d'un conte, tant l'ensemble des éléments de la nature s'harmonisent avec perfection. En toile de fond, un glacier majestueux qui laisse couler à la mer une eau verte et pure. Sur la plage, une faune riche en couleur occupe les lieux. Les manchots royaux, ici, sont rois, mais il y a aussi les manchots papous, les pétrels géants, les otaries à fourrure et les innombrables éléphants de mer. Si nous avons été charmés par les jeunes éléphants de mer de l'année qui se sont amusés en notre présence, à côté, nous avons retrouvé les harems de femelles, dominées par les mâles terrifiants. Le dimorphisme sexuel est impressionnant chez cette espèce. La femelle pèse en moyenne un peu moins d'une tonne. Le mâle quant à lui peut peser jusqu'à 5 000 kilos !

Les éléphants de mer (*Mirounga leonina*) mâles défendent férocement leur territoire pour garder jusqu'à 53 femelles dans leur harem. La femelle ne pèse qu'un quart environ du poids du mâle.

Curiosité réciproque. L'observateur observé par un manchot royal (*Aptenotytes patagonicus*).

Cinq tonnes de puissance qui se manifestent avec rapidité et agressivité pour quiconque cherche à s'approcher d'une de ses femelles. Aujourd'hui, en filmant une confrontation entre deux mâles, nous avons eu la frousse. Claude, notre chef machiniste, avait installé la grue cinématographique sur la plage. Sans prévenir, le mâle dominant a chargé vers la caméra, non pas pour nous attaquer, mais p utôt pour barrer la route à une femelle qui voulait déserter son harem. Mal lui en prit, puisque le mâle l'a sauvagement agrippée et écrasée au sol. Dans sa course folle, la bête en cavale est venue frôler la grue… Il s'en est fallu de peu ! On estime qu'un éléphant de mer qui charge peut se déplacer à la vitesse d'un humain qui court. Pas mal pour cet amas de graisse qui écrase tout sur son passage, y compris ses propres petits.

Le mâle peut peser jusqu'à 5 tonnes et se déplacer à la vitesse d'un homme qui court.

Les éléphants de mer font partie des espèces que l'on rencontre de plus en plus fréquemment sur la péninsule antarctique. En trente ans, leur nombre aurait augmenté de 600 %.

Royal, le manchot !

Ligne épurée, silhouette parfaite et coloris d'une finesse inégalée.
Son nom est royal et son chant résonne en écho au pied
des glaciers millénaires. Sa démarche lui donne des allures
de Charlot maladroit, mais ce mouvement de balancier lui
permet en fait de recycler l'énergie qui résulte du mouvement
précédent. C'est le plus bel oiseau marin de l'hémisphère Sud.
C'est le manchot royal ! Adulte, il arbore une robe de gala.
Jeune, il porte une épaisse toison brune qui lui donne l'air
d'une grosse quille. Quand il commence à perdre son pelage
d'adolescent, il le remplace graduellement par des plumes
caractéristiques qui lui donneront sa robe définitive. Mais avant
d'obtenir ce plumage, il prendra de drôles d'allures, mêlant beauté
et excentricité. Il n'est pas rare de voir certains jeunes arborer
des têtes bizarroïdes. Nous les surnommons les punks de la plage.

La colonie de la baie de St-Andrews, sur l'île de Géorgie du Sud,
est la plus imposante du genre sur la planète. Dès que nous avons
posé le pied sur la plage, les manchots royaux sont venus nous
accueillir. Ils ne voient pas beaucoup d'humains, alors ils sont
curieux et s'approchent des visiteurs sans crainte. Devant nous, près
de 150 000 manchots royaux se sont ainsi donnés en spectacle.

À ce moment de l'année, les adultes doivent
nourrir les jeunes qui terminent leur sevrage.
Ils s'affairent donc à faire des allers-retours
réguliers de la colonie à la mer pour rapporter
la nourriture nécessaire à la croissance
des jeunes. Les manchots royaux
se nourrissent principalement de petits
poissons et de calmars. Ils les avalent, puis,
l'estomac gonflé à bloc, ils reviennent au nid.
Aujourd'hui, nous avons vu des manchots
revenir de la mer avec le ventre tellement
plein qu'ils avaient du mal à se relever.
Un pauvre manchot a dû payer cher le prix
de sa gourmandise : incapable de se relever
dans la vague, il a immédiatement été
attaqué par un groupe de pétrels géants,
des oiseaux omnivores au bec redoutable.
Le premier coup de bec a perforé l'abdomen
et la vue du sang a aussitôt attiré d'autres
charognards qui n'attendent qu'une
occasion pour éliminer les plus faibles.
Le manchot est mort sous nos yeux.
Le monde animal semble si cruel parfois...
Il est toujours étrange d'assister à de pareilles
scènes de prédation. Mais ce sont les lois
de la nature : les plus faibles servent souvent
de nourriture aux prédateurs, qui fournissent
à leur tour la nourriture essentielle à d'autres
espèces qui se contentent des restes
du repas. Depuis toujours, le sacrifice des uns
contribue à la survie des autres.

Les manchots royaux se
regroupent en colonies.
Dans la baie de St-Andrews,
en Géorgie du Sud, on en compte
plusieurs milliers.

En novembre et décembre, les
jeunes changent de plumage pour
ressembler graduellement à leurs
parents. La transition n'est pas ce
qu'il y a de plus élégant...

La délicatesse du plumage du
manchot royal est telle qu'on le
croirait recouvert de poil ou de
velours.

Le jeune manchot
royal n'a besoin que
d'un quart de seconde
pour reconnaître la
signature vocale d'un
de ses parents.

Les manchots royaux ne voient
pas beaucoup d'êtres humains.
Ils sont curieux et s'approchent
des visiteurs sans crainte.

Sur les îles de Géorgie du Sud,
les manchots royaux se regroupent
en colonies qui peuvent compter
plusieurs milliers d'oiseaux.

Le paradoxe du marin

Décembre est à nos portes, et cette date marque le début du compte à rebours pour une grande partie de l'équipage. Dans un an, nous terminerons sans doute cette mission. Personne ne peut prédire exactement quand, mais nous avons fixé le mois de décembre prochain comme la conclusion de l'aventure.

Ce laps de temps peut paraître long, mais nous avons quitté les Îles-de-la-Madeleine, au Québec, le 19 septembre dernier. C'était hier. Certes, les familles et les amis demeurés derrière nous manquent. Certains soirs, quand le vent hurle dans les haubans et que le froid transperce nos habits humides, nous pensons au confort de notre foyer; nous imaginons la chaleur et le réconfort de bras connus et aimants, le rire des enfants ou celui des amis qui nous manquent cruellement. Mais, au petit matin, quand le jour se lève et que le décor grandiose se dévoile à nouveau, quand les albatros survolent la poupe du voilier et que les manchots marsouinent contre les flancs de notre déesse des mers, nous sentons le baume de la vie s'étendre sur la plaie de l'ennui. Dès lors, nous savons que nous sommes des témoins privilégiés de la force et de la fragilité de la nature. D'emblée, les regrets appartiennent à la nuit et n'ont plus leur place sous la clarté qui éblouit nos journées de découvertes.

Finalement, à bien y penser, il ne reste en fait que douze petits mois. Dans six mois, prisonniers des glaces, de l'hiver et des nuits de vingt heures, nous anticiperons probablement le retour avec une certaine hâte. Puis, dans douze mois, quand nous lèverons l'ancre pour rejoindre nos vies antérieures, nous pleurerons sans doute, tristes de penser que tout cela sera alors terminé.

La vie du marin est constituée de vents contraires, un éternel paradoxe qui le situe aux confins des vents de la terre et des vents de la mer, qui le berce indéfiniment au rythme d'une houle incessante qui roule entre les rives du voyage d'ici et du voyage d'ailleurs…

> La vie du marin est constituée de vents contraires, un éternel paradoxe qui le situe aux confins des vents de la terre et de ceux de la mer.

FOCUS
DOCUMENTAIRE

Environ 0,1 % des otaries à fourrure
(*Arctocephalus gazella*) sont
des morphes de couleur blanche.

LE DERNIER CONTINENT

60

L'otarie à fourrure

À chaque nouveau débarquement sur les plages de l'île de Géorgie du Sud, nous devons nous frayer un chemin à travers les colonnes d'une espèce de mammifères marins qui pullule à cette époque de l'année : l'otarie à fourrure. Les femelles viennent donner naissance aux jeunes sur les plages, protégées par les mâles agressifs qui chargent tout intrus osant pénétrer sur leur territoire. Pour circuler librement sur la terre ferme, les membres de l'équipe doivent utiliser des bâtons de marche pour se protéger. Il ne faut surtout pas tourner le dos à ces animaux, sinon ils chargeront par derrière. Il faut être très prudent, car une morsure d'otarie s'infecte rapidement. Impossible de les éviter, ils sont partout. Alors, il faut les affronter, avec détermination et courage. Si on leur montre que l'on n'a pas peur, ils cèdent le passage.

Les otaries à fourrure se nourrissent principalement de krill, ces petits crustacés planctoniques aux allures de crevettes. Le krill est aussi la nourriture de plusieurs espèces de baleines. Mais les baleines ont été complètement décimées par la chasse dans ce secteur, au siècle dernier, rendant ainsi accessibles de grandes quantités de nourriture pour les otaries à fourrure. Ces mammifères marins ont longtemps été chassés sur l'île de Géorgie du Sud, et leur population a frôlé l'extinction. Il ne restait plus que quelques centaines d'otaries à la fin de la période d'exploitation commerciale. Mais l'espèce a remarquablement bien récupéré des abus des chasseurs d'hier, sa population est en pleine explosion démographique. On compte aujourd'hui près de trois millions d'otaries à fourrure sur les plages de l'île de Géorgie du Sud, et leur surabondance crée maintenant de véritables dommages aux autres animaux qui utilisent aussi les plages pour nicher ou pour se reproduire. Parce qu'elles sont de plus en plus

nombreuses, les otaries utilisent davantage d'espace, s'installant même loin à l'intérieur des terres où nichent les albatros et d'autres oiseaux marins. La destruction des nids, écrasés sous le poids des otaries, devient un problème important.

En chassant les baleines jusqu'à épuisement des stocks, nous avons brisé l'équilibre naturel de la vie dans ce secteur. Quand l'homme se mêle d'exploiter et de contrôler une ressource, trop souvent, il rompt l'équilibre fragile de la vie.

Le climat clément autour de la péninsule antarctique incite les otaries à fourrure à s'accaparer de plus en plus le territoire.

Les otaries à fourrure ont frôlé l'extinction. Aujourd'hui, on en compte près de trois millions sur les îles de Géorgie du Sud.

Une otarie à fourrure fait une petite sieste sur un lit de neige fraîche. Cette espèce n'est plus menacée, elle peut dormir tranquille, puisque les chasseurs ont cessé leurs activités en 1907 !

Cet albatros fuligineux (*Phoebetria palpebrata*) quitte la falaise pour aller se nourrir en mer. Son alimentation est constituée principalement de poissons, de calmars et de krill.

L'île magique

Nous sommes arrivés à Bird Island, l'île inaccessible à tout visiteur, l'île sous la haute surveillance de l'équipe de scientifiques du British Antarctic Survey (BAS). Nous sommes privilégiés et, exceptionnellement, notre équipe a obtenu un droit d'accès à ce paradis perdu pour filmer les travaux des scientifiques. Bird Island est un véritable jardin faunique où l'humain n'a pas sa place, si ce n'est pour mieux comprendre et protéger la vie unique qui se déploie en ce territoire du bout du monde. Des 81 espèces d'oiseaux recensées sur l'île de Géorgie du Sud, 31 nichent ici. L'endroit compte une densité importante d'animaux, mais peu de diversité d'espèces, une caractéristique des îles subantarctiques. Peu importe où nous marchons, nous pouvons observer des oiseaux.

On nous avait dit que Bird Island était spéciale, unique, incomparable. Nous voulions bien le croire, mais même l'imagination peinait à trouver l'inspiration, tellement la brume et les nuages cachaient le trésor. Nous sommes partis en reconnaissance, nous frayant un chemin à travers les otaries à fourrure qui montent jusque dans les hautes terres pour se reproduire. Ces animaux sont plutôt agiles en montagne, et il est toujours surprenant de les voir perchés à un sommet, bien installés entre les nids d'albatros. La scène semblait sortir tout droit du film de Steven Spielberg, *Jurassic Park* ! À travers la brume, le vent et la pluie, nous apercevons soudain des silhouettes d'oiseaux géants qui rappellent une autre époque. Les mauvaises conditions météorologiques nous empêchent de bien distinguer les oiseaux. On aurait pu croire au retour des ptérodactyles géants. Il n'en était rien pourtant, il s'agissait plutôt d'albatros hurleurs, les plus grands oiseaux de tout le règne animal. Oiseaux capables de voler, on s'entend. En dimension, la tête de ces albatros est comparable à celle d'un humain, et leurs ailes géantes peuvent atteindre jusqu'à 3,50 mètres d'envergure !

Puis le trésor s'est révélé. Et quel trésor ! Le soleil a chassé la brume du matin, et nous avons enfin pu apprécier l'extraordinaire spectacle de la nature. L'île est remplie d'albatros hurleurs, d'albatros à tête grise, d'albatros à sourcils noirs, d'albatros fuligineux, de gorfous dorés, de pétrels géants, de prions de Forster, de puffins à menton blanc, et j'en passe. Le ciel s'est dégagé – et c'est tout dire quand on sait que Bird Island n'a connu que six jours de soleil au cours des six derniers mois… –, pour nous livrer le ballet gracieux des plus grands spécialistes du vol plané.

> Bird Island est un véritable jardin faunique où l'humain n'a pas sa place, si ce n'est pour mieux comprendre et protéger la vie unique qui se déploie en ce territoire du bout du monde.

Chez l'albatros à tête grise (*Thalassarche chrysostoma*), le nid est un monticule de brindilles et de terre compactée, permettant de conserver l'œuf bien au sec pendant l'incubation qui durera en moyenne soixante-douze jours.

Des 81 espèces d'oiseaux recensées sur les îles de Géorgie du Sud, 31 nichent ici.

Nous assistons aux premières tentatives d'envol des jeunes albatros hurleurs. Ils attendent ce moment depuis des mois. Ils ont passé l'hiver seuls, à attendre le retour des parents partis chercher la nourriture au large. Les scientifiques peuvent suivre et documenter les voyages d'alimentation à l'aide de transmetteurs satellites. Un des albatros de l'île vient d'enregistrer un nouveau record : un voyage de plus de 10 000 kilomètres, jusqu'au large des côtes du Brésil, avant de rapporter au nid la nourriture essentielle à la croissance du jeune. Tout cela en trente-cinq jours !

À flanc de collines, nous avons observé les colonies d'albatros à tête grise durant leur cour nuptiale. Au sommet d'une montagne, nous avons apprécié le vol parfaitement synchronisé d'un couple d'albatros fuligineux, spectaculaires courtisans. Dans les colonies de gorfous dorés, nous avons été amusés par la bouille échevelée de ces oiseaux nicheurs, couvant précieusement leur avenir fragile. Et dans les herbes hautes de la vallée, nous avons été attendris par la beauté de l'oisillon du fulmar géant, un prédateur redoutable qui a simplement accepté notre présence.

Certains jours, les éléments se conjuguent pour nous faire apprécier la vie. Simplement, la nature s'offre à ceux et à celles qui la respectent ; elle pénètre l'être discrètement, je dirais même à notre insu. Puis, sans trop saisir ce qui se passe, une sensation de plénitude nous envahit, nous comble et, sans mot dire, nous faisons le plein de petits bonheurs. Ces instants magiques deviendront autant

de souvenirs précieux, de portions de vie qui mènent directement vers l'éternité. Dans ces moments privilégiés, nous savons que tous les efforts et les sacrifices consentis pour ce voyage en valent la peine. Devant tant de grandeur, nous ne sommes rien d'autre que des spectateurs qui portent un regard sur ce que nous avons de plus beau, de plus précieux et de plus fragile. La simple beauté du monde inspire. Merci la vie…

Chez le gorfou doré (*Eudyptes chrysolophus*), la femelle pond deux œufs. Le premier, toujours plus petit, est souvent rejeté. L'incubation du second œuf dure environ trente-cinq jours. Le jeune sera nourri par ses deux parents, qui alterneront leurs voyages en mer en quête de nourriture.

À tout seigneur...

Les scientifiques du British Antarctic Survey (BAS) partagent leurs connaissances avec générosité. Leurs études sur les albatros hurleurs sont parmi les plus importantes du genre sur la planète, et leurs résultats ont permis de démontrer toute la fragilité de l'espèce. Passionnés par leur travail, ils ne sont que onze en poste sur cette île oubliée au milieu de nulle part. Ils ont des mandats de recherche qui durent jusqu'à deux ans et demi, et ils demeurent complètement isolés, partageant leur quotidien avec les autres scientifiques qui alternent sur la même base.

Les albatros hurleurs sont de véritables virtuoses du vol à voile. Planeurs exceptionnels, ils utilisent les vents forts de cette région du monde pour voyager sur de très longues distances. Jamais je n'oublierai le premier contact avec cet oiseau mythique, celui qui a inspiré Baudelaire, celui que les grands navigateurs espèrent apercevoir au large, fidèle compagnon de route pour les grandes solitudes du grand large. Je me suis présenté devant l'oiseau, doucement. Bien installé dans son nid, il s'est mis à me suivre du regard, simplement. Jamais il n'a exprimé une crainte, jamais je n'ai senti que je le dérangeais. Je me suis assis près de lui, et nous avons partagé ensemble un regard sur l'horizon.

Ce jeune albatros hurleur (*Diomedea exulans*) attend avec impatience qu'un de ses parents revienne au nid pour le nourrir. Les adultes assurent la subsistance de leur jeune pendant près de neuf mois.

Sur terre ou en mer, les albatros hurleurs posent pour nos caméramans.

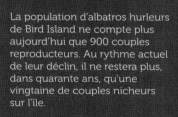

La population d'albatros hurleurs de Bird Island ne compte plus aujourd'hui que 900 couples reproducteurs. Au rythme actuel de leur déclin, il ne restera plus, dans quarante ans, qu'une vingtaine de couples nicheurs sur l'île.

Atterrissage forcé d'un albatros hurleur...

L'albatros hurleur peut vivre jusqu'à 80 ans, ce qui est exceptionnel pour un oiseau. Les femelles commencent à pondre un œuf unique vers l'âge de huit ans seulement, vers le milieu de l'été austral. Il faudra 77 jours d'incubation avant que le poussin ne voie le jour. Il restera au nid durant tout l'hiver, et ce n'est qu'à l'âge de neuf mois qu'il pourra voler de ses propres ailes. Les chercheurs du BAS ont pu démontrer que les albatros volaient souvent jusqu'au large du Brésil pour trouver la nourriture nécessaire à la croissance de leur petit. En un seul voyage, un albatros peut parcourir jusqu'à 10 000 kilomètres pour rapporter au nid 1 ou 2 kilos de nourriture. Il faudra entre 60 et 65 kilos de nourriture pour assurer la croissance complète du jeune.

Leurs longs voyages vers le Brésil comportent toutefois des risques, et de plus en plus d'albatros hurleurs manquent à l'appel. Habitués à suivre les bateaux de pêche, les oiseaux se jettent régulièrement sur les hameçons appâtés lors de leur mise à l'eau. Mortellement crochetés, ils sont alors entraînés au fond et meurent noyés. Sur l'île, nous avons trouvé des hameçons à proximité des nids… La population d'albatros hurleurs de Bird Island ne compte plus aujourd'hui que 900 couples reproducteurs. Les chercheurs estiment que, si le déclin de 2 à 3 % par année se poursuit, il ne restera plus, dans quarante ans, qu'une vingtaine de couples nicheurs sur l'île aux Oiseaux, un des sites les plus productifs de l'océan Austral. Au cours des vingt dernières années, la population mondiale d'albatros hurleurs a chuté de plus de 50 %.

Des dizaines de milliers d'oiseaux marins meurent chaque année, victimes des engins de pêche. Et je ne parle pas des milliers de baleines, de dauphins, de phoques qui se noient dans les filets dérivants. Le nombre d'espèces animales en difficulté augmente constamment. L'exemple de l'île de Géorgie du Sud est éloquent. Qui aurait pensé que la faune d'une contrée aussi isolée, aussi perdue, puisse souffrir autant de l'impact de l'homme, qui ne vit plus ici depuis longtemps ? La perte éventuelle du plus imposant de tous les oiseaux de la terre serait une catastrophe. Les albatros hurleurs sont tout simplement trop beaux, trop impressionnants et trop précieux pour qu'on ne fasse pas tous les efforts possibles pour les protéger. Que répondrons-nous aux enfants de nos enfants quand ils demanderont pourquoi le plus grand oiseau de la planète a presque disparu ? « Par cupidité, mon enfant, par la simple cupidité de quelques générations d'humains qui n'ont pas pensé que les générations futures pourraient aussi, à leur tour, profiter du grand spectacle de la vie… » L'empreinte de nos pas demeure sur une Terre qui ne nous appartient pas, comme une cicatrice profonde qui marque le temps et façonne malheureusement l'avenir de tout ce qui est vivant…

L'appel du silence

Nous voilà en escale à Ushuaia, petite ville située au bout du monde, à la pointe méridionale de l'Amérique du Sud. Le retour à la ville laisse en bouche un drôle de goût.

Au quai, nous regardons défiler les touristes, fraîchement débarqués des grands navires de croisières qui font des allers-retours entre la Terre de Feu et la péninsule antarctique. Pas besoin d'être un explorateur réputé pour avoir accès au dernier continent vierge de la planète. Il suffit d'y mettre le prix, de se payer un droit d'accès à bord d'un de ces navires. Les touristes de l'Antarctique sont pour la plupart assez âgés. Après tout, il faut pouvoir s'offrir ce type de vacances. Chaque année, plus de trente mille touristes visitent le continent de glace, principalement autour de la péninsule.

Lorsque nous reprendrons la mer, nous croiserons inévitablement la route de ces hôtels flottants. Entre deux morceaux de banquise, nous regarderons, impuissants, leurs hautes silhouettes se détacher contre l'horizon. Certes, nous serons rapidement seuls, car la saison touristique en Antarctique est strictement estivale. Après tout, qui voudrait affronter l'hiver antarctique ? Qui oserait aller se faire englacer dans des conditions d'isolement extrême, sans sauvetage possible, ni rapatriement ? Quel plaisir un groupe d'hommes et de femmes pourrait-il bien tirer d'une pareille situation ? Peut-être faut-il être un peu givré pour accepter pareils sacrifices humains… Mais le désir d'exploration et de découvertes demeure indéfinissable, plus fort que tout.

Durant notre escale à Ushuaia, les membres de l'équipage se questionneront une nouvelle fois. Ils profiteront de ce dernier contact avec la ville pour engager une rétrospection sans doute inévitable, un retour sur leur engagement au sein de cette mission qui se poursuivra dans des conditions extrêmes, pour encore une année. Certains hésiteront peut-être. Dans ce cas, je les écouterai et leur rappellerai que, devant le doute, il vaut peut-être mieux s'abstenir. Au cours des prochains jours, certains membres de cet équipage vivront la solitude et les effets de l'éloignement. Ceux et celles qui ont laissé derrière leurs proches réévalueront leur décision, inévitable

déchirement entre les racines profondes de l'amour et l'appel du large. Mais je sais qu'au jour du départ, ils seront au rendez-vous, malgré le doute et un intarissable sentiment de culpabilité.

Nous profitons de cette dernière escale pour préparer la prochaine phase de l'expédition, la plus importante, la plus risquée et la plus intéressante d'un point de vue scientifique. Jusqu'à maintenant, nous avons visité les îles subantarctiques, réputées comme des joyaux pour la faune et pour la beauté de leurs paysages. Mais le prochain spectacle sera complètement différent : le grand monastère de glace de l'Antarctique nous attend, majestueux, presque solennel…

Nous naviguerons autour de la péninsule antarctique, l'endroit sur la planète qui s'est le plus réchauffé au cours des dernières décennies. La température moyenne de ce secteur a grimpé de 2,5 °C au cours des cinquante dernières années, soit près de cinq fois plus rapidement que sur le reste du globe.

L'Antarctique n'a pas son pareil. Ses glaciers sont parmi les plus impressionnants de la planète, sa mer est l'une des plus riches du monde et l'harmonie de ses paysages est tout simplement parfaite. Je garde une étrange impression de début du monde chaque fois que j'y mets les pieds. Je me souviens surtout du silence, celui que nous n'entendons plus, celui que la civilisation nous a dérobé. Il n'existe que peu d'endroits sur la planète où le silence a été préservé. je ne parle pas de cette simple absence de son. Je tente de décrire le silence, comme un état des lieux, presque un sentiment. À la limite, je dirais qu'il s'agit d'un état d'âme. Le silence ne s'écoute qu'en conditions d'isolement. Et encore. Dans l'Arctique, au petit village de Salluit, j'ai questionné un aîné inuit et lui ai demandé ce qu'il avait perdu de plus précieux de son époque de nomade. Sa réponse est restée gravée, non seulement dans ma mémoire, mais dans le fond de mon âme, comme la révélation d'un sage : le silence… Comment un vieil homme qui vit à Salluit, petit village inuit perdu au nord du Nord, peut-il affirmer qu'il a perdu le silence ?

Il ne me l'a pas dit, du moins pas en ces mots, mais je sais qu'il voulait parler d'harmonie. Harmonie avec les éléments naturels, avec soi-même, et surtout avec ce que nous sommes : de simples éléments de cette nature qui nous inspire, en silence… Plus tard, beaucoup plus tard, après avoir passé cinq mois isolé dans l'Arctique, en harmonie avec cette nature nordique, j'ai brièvement touché à quelque chose d'inexplicable… À ce moment, seulement, je pense avoir compris…

Le silence ne s'écoute qu'en conditions d'isolement. Et encore…

Je tente de décrire le silence, comme un état des lieux, presque un sentiment.
À la limite, je dirais qu'il s'agit d'un état d'âme.

2

LA ROUTE
DES GLACES

Comme si Éole
avait décidé
de nous céder
le passage, nous
avons franchi
le cap Horn
en cherchant
le vent.

Le cap Horn

En ce huitième jour de janvier, nous venons de franchir une étape historique pour notre voilier océanographique *Sedna IV*. Aujourd'hui, *Sedna* vient de doubler le redoutable cap Horn, le point le plus méridional de l'Amérique du Sud. Ici, vents violents, tempêtes terribles et fréquentes dépressions barométriques transforment sans prévenir l'océan en véritable cauchemar, même pour les marins les plus expérimentés. En ce lieu de rencontre entre l'Atlantique et le Pacifique, de dangereux courants ont englouti nombre de navires et leurs équipages. La légende raconte que les âmes des marins disparus se sont réincarnées en grands albatros qui poursuivent leur long périple en mer, accompagnant les bateaux sur les flots souvent hostiles de la mer Australe. Mais il s'agit d'un passage obligé pour les marins qui désirent rejoindre la péninsule antarctique.

Comme si Éole avait décidé de nous céder le passage, nous avons franchi le cap Horn en cherchant le vent. Nous apprécions cette situation d'exception. L'occasion de nous mesurer aux éléments viendra bien assez vite. Pour bien marquer l'événement, nous avons profité d'une douce brise portante pour traverser d'est en ouest, puis d'ouest en est, deux fois plutôt qu'une ! Nous avons respecté la tradition : le cap Horn se franchit à la voile, une condition essentielle pour tout marin qui veut devenir cap-hornier.

Nous naviguons maintenant dans le fameux passage Drake, ce chenal qui concentre à peu près toute la mer Australe en un simple petit segment continu d'à peine 400 milles nautiques. Les forts courants sont générés par un déplacement d'eau ininterrompu qui circule autour du continent antarctique (le courant circumpolaire antarctique). Le flux de ce mouvement représente 135 millions de mètres cubes par seconde, soit environ 135 fois le débit combiné de toutes les rivières du monde.

Ici, la mer tourne autour du globe sans jamais rencontrer d'obstacle. Heureusement, aujourd'hui, les grands vents semblent avoir abandonné la région. *Sedna* glisse en douceur vers le dernier continent, porté par une simple brise, un souffle de mer suffisant pour gonfler nos voiles et soutenir le noble vol des albatros. Ces grands planeurs naturels ne cessent de nous étonner par leur grâce et leur agilité. Que vos âmes reposent en paix, marins d'hier, et qu'elles continuent de nous guider sur les flots incertains des cinquantièmes hurlants. Dans le sillage de vos exploits, nous reprenons la route qui mène aux glaces éternelles pour témoigner de la fragilité d'une terre encore méconnue. Vous avez ouvert la voie aux scientifiques qui occupent aujourd'hui ce continent pour mieux comprendre le fonctionnement de notre planète. Vos efforts et vos sacrifices n'ont pas été vains.

Comme le veut la croyance ancienne, les âmes des marins disparus sont devenues de gracieux albatros qui planent autour de nous, protégeant notre voilier contre ces mers du Sud réputées être les plus redoutables de la planète.

Une partie de l'équipage a obtenu
la permission d'aller poser les pieds
au cap Horn.

Le bout du monde

Les icebergs sont des vestiges du temps, morceaux de glace à la dérive que nous devons affronter quotidiennement.

Aujourd'hui, nous avons franchi le 60e parallèle de latitude. Aujourd'hui, nous avons atteint l'Antarctique ! Je retrouve avec plaisir ce sentiment de bout du monde, de début des temps. Difficile d'expliquer comment les paysages de glace agissent sur l'humain de passage. Ici, personne ne peut prétendre être chez soi. L'harmonie des formes et l'aridité de la glace ont de quoi stigmatiser nos repères, comme quoi rien n'est jamais complètement acquis.

Notre voilier louvoie en toute sécurité entre les icebergs, ces îles flottantes qui se détachent contre l'horizon. Les conditions modernes de navigation et d'exploration n'ont rien à voir avec celles des grands explorateurs d'hier. Nos systèmes de communication par satellite permettent de garder contact avec nos équipes de terre et nos proches. De Gerlache, Shackleton, Scott ou Amundsen ne connaissaient avec certitude, en fait, que la date de leur départ. Sans grande technologie, les expéditions polaires duraient deux à trois ans, et les marins de l'époque devaient compter principalement sur leur habileté, leurs connaissances, leur ingéniosité et leur détermination pour mener à bien leur périple.

Sedna se fraie un chemin entre les vestiges du temps, souvenirs à la dérive que nous devons affronter quotidiennement. Cette glace flottante n'a rien à voir avec la banquise de l'hiver dernier, disparue depuis un certain temps déjà. Il ne reste que les icebergs, faciles à éviter, et les fragments, concentrés en blocs aux contours coupants comme des lames de rasoir. Quand les icebergs se brisent, que les fissures se creusent sous l'effet d'une chaleur nouvelle, les cathédrales de glace explosent littéralement. Sur des centaines de mètres, les blocs de glace millénaire ondulent en rangs serrés, tel un champ de mines. Nous connaissons bien la glace d'eau de mer, les restes d'une banquise qui se disloque sous l'effet de la chaleur estivale, celle qu'il est possible de rompre avec notre proue. Mais toute cette connaissance acquise à grands coups d'étrave en Arctique est inutile ici. Nous faisons plutôt face à de la glace millénaire, compressée, dure comme du béton. Pas question de l'affronter ; nous ne faisons pas le poids. Il faut plutôt l'esquiver ou la pousser délicatement, avec beaucoup de respect.

La fonte accélérée de la banquise, sous l'effet du réchauffement précipité, libère la mer de façon prématu-

rée. Elle perturbe toute la climatologie du continent de glace et accélère le retrait des grands glaciers continentaux de la péninsule antarctique, dont la majorité a reculé de façon impressionnante au cours des dernières décennies. En se retirant, les glaciers délestent dans la mer des icebergs qui mettent souvent quelques années avant de fondre. L'introduction de cette glace nouvelle et le réchauffement de l'eau de mer contribuent au phénomène d'élévation du niveau des océans.

Une simple loi de la physique veut que, si l'on réchauffe une certaine quantité d'eau, elle occupe un plus grand volume. C'est ce qu'on appelle l'expansion thermique. En se réchauffant, les océans occupent plus d'espace, le niveau des mers monte, menaçant à long terme la vie, sous toutes ses formes. Ainsi, certaines régions côtières risquent l'inondation. L'élévation du niveau des océans pourrait représenter l'un des plus grands défis de l'humanité au cours du prochain siècle.

Sedna se faufile entre les icebergs. La glace en surface révèle une toute petite partie seulement de l'immense bloc mobile dont 80 % du volume est dissimulé sous l'eau.

Jubany

LE DERNIER CONTINENT

Nous avons mouillé l'ancre dans la baie de Potter Cove, à proximité de la station scientifique argentine de Jubany. Notre première journée d'exploration s'est déroulée sous un soleil de plomb. Ici, les glaciers descendent des montagnes et vêlent dans la mer des icebergs de glace millénaire. Emprisonnées dans ces miroirs du temps se cachent les traces irréfutables d'un climat en pleine transformation. En observant bien la glace, on perçoit de minuscules bulles d'air. Ces gaz encellulés sont des échantillons fidèles des atmosphères d'une autre époque. En analysant la structure chimique de ces simples petites bulles, les glaciologues peuvent reproduire la composition de l'atmosphère à travers les années. L'analyse des carottes de glace a ainsi révélé une augmentation spectaculaire des concentrations de CO_2 au cours des dernières décennies. Le CO_2 est l'un des principaux gaz à effet de serre responsables de la hausse des températures sur la planète.

Le glacier de la baie a reculé de façon impressionnante au cours des dernières années, preuve évidente que le climat se réchauffe. Le secteur des îles South Shetland, comme celui de la péninsule antarctique, subit une augmentation de température cinq fois plus rapide que le reste de la planète. Les conséquences se vivent et se voient sur le terrain quotidiennement. Selon les récentes études menées par des scientifiques espagnols, le débit d'eau déversé par les glaciers continentaux de la péninsule antarctique a doublé au cours des treize dernières années. Cette eau provoque de véritables rivières qui serpentent vers l'océan, entraînant à la mer des sédiments qui se déposent au fond. Certains organismes vivant sur le plancher marin sont désormais menacés par ces dépôts qui tombent de la surface, comme une bruine fine, continue et envahissante. Ce nouvel apport de sédiments est en train de modifier complètement l'écologie d'origine des fonds marins, transformant

l'équilibre millénaire de la communauté benthique de la baie de Potter Cove. Certaines espèces animales ne peuvent supporter pareils bouleversements. Elles meurent, remplacées par d'autres mieux adaptées.

Les changements climatiques agissent de façon souvent imperceptible pour l'humain. Les travaux des scientifiques nous permettent d'accumuler les preuves qui confirment les changements en cours, à tous les niveaux. Les fluctuations climatiques sur notre planète ne datent pas d'hier. Toutefois, la rapidité de ces changements ne peut s'expliquer par les simples phénomènes naturels. Les preuves contre l'humanité s'accumulent, et les scientifiques rappellent l'urgence d'agir pour préserver la biodiversité, berceau de l'équilibre qui permet la vie.

Malgré la gravité des constats scientifiques, nous apprécions chaque seconde ici. Le blanc et le bleu se répètent à l'infini, telle une fresque naturelle aux mille beautés. Devant tant de perfection, nous ne pouvons qu'éprouver une gratitude inexplicable pour tout ce que nous ressentons, pour tout ce qui ne s'exprime pas en mots. Montent alors en nous d'étranges sentiments, comme des petites bouffées de bonheur porteuses d'espoir. Car il suffit souvent de vivre la beauté de la nature pour simplement la respecter…

En cette fin de journée qui ne finit plus de finir, l'horizon se teinte de carmin, suivant l'inspiration artistique du grand peintre de la vie.

Les scientifiques rappellent l'urgence d'agir pour préserver la biodiversité, berceau de l'équilibre qui permet la vie.

Cette anémone se nourrit par filtration, et sa survie dépend grandement des petits organismes que l'on retrouve à la base de la chaîne alimentaire.

Le site d'hivernage

Nous avons modifié nos plans d'origine pour visiter notre futur site d'hivernage. L'attente et l'impatience de découvrir enfin cet environnement qui deviendra notre résidence hivernale – notre « chalet » d'hiver, comme s'amuse à l'appeler l'équipage – l'ont emporté sur le confort de nos cabines.

Vers 1 heure du matin, dans un ciel de feu, nous avons approché la petite station de Melchior, notre prochain refuge, notre nouvelle demeure pour les longs mois de l'hiver antarctique, à partir de mars prochain. À l'entrée de la baie trônent majestueusement deux tours de glace géantes, deux icebergs récemment détachés du grand glacier d'en face. L'arrière-cour de notre future résidence d'hiver n'a rien de comparable. Au nord-est, le passage Drake, la mer ouverte vers la liberté. Au sud-ouest, l'île d'Anvers, avec ses sommets de neiges éternelles et ses pics qui frôlent les 3 000 mètres d'altitude. Derrière, d'autres icebergs à la dérive. Dans le petit détroit qui nous sépare de l'île d'en face, suffisamment de profondeur pour y observer des baleines de passage.

Sans attendre le lever du jour, l'équipe de plongeurs se met à l'œuvre. Mario aura pour tâche de documenter les variations de la faune sous-marine durant tout l'hiver et il rêvait d'une eau pure, cristalline. La plongée de reconnaissance à 30 mètres n'a pas déçu. Étoiles de mer, oursins et poissons adaptés pour vivre dans les eaux froides antarctiques, la diversité animale et la visibilité promettent des heures d'exploration fertiles.

Nous demeurerons sur le voilier pendant tout l'hiver, mais les bâtiments de la base de recherche serviront de laboratoire scientifique et d'abris d'urgence. L'une des bâtisses sera également disponible en alternance pour les membres d'équipage, ceux ou celles qui auront besoin de s'évader pour quelque temps. Pour contrer les effets de la promiscuité, mettre à la disposition des membres de l'équipe des lieux où chacun pourra retrouver sa solitude et son espace personnel s'avère primordial.

Devant la petite station, une baie tout à fait unique accueillera *Sedna* pour la « saison froide ». Une centaine de mètres de longueur sur à peine 40 mètres de largeur. Le voilier y sera englacé. La baie offrira toute la protection nécessaire contre les vents et les vagues, en plus d'éviter une trop grande pression de la glace sur la coque du navire.

Notre visite exploratoire à la station de Melchior n'était pas prévue dans notre itinéraire. Mais le désir de voir était plus fort que tout. Les éléments naturels se sont encore une fois endimanchés pour nous offrir un spectacle grandiose, au-delà de nos espérances. Nous reprenons notre route vers le sud, heureux d'avoir vu et confiants d'avoir fait le bon choix pour notre site d'hivernage. L'environnement autour de la station est tout simplement magnifique !

La nature triomphe lorsque les paysages défilent devant nos kayaks.

La baie de Melchior, par sa petitesse, nous offrira toute la protection dont nous aurons besoin pendant l'hivernage.

La station scientifique américaine de Palmer

Palmer est la destination tant convoitée pour comprendre les effets des changements climatiques sur l'environnement antarctique.

Pendant l'absence de leurs parents, les jeunes manchots d'Adélie (*Pygoscenis adeliae*) se regroupent pour former des crèches. Ce comportement offre une protection efficace contre les prédateurs.

Nous sommes arrivés à la station scientifique américaine de Palmer, LA destination tant convoitée pour comprendre les effets des changements climatiques sur l'environnement antarctique. Dans la nuit, les vents catabatiques ont chassé le sommeil des troupes. Les rafales qui descendent du glacier dépassent régulièrement les 100 km/h et tout le monde est à son poste, prêt à réagir. Si nos ancres chassent, nous n'aurons que quelques minutes pour éviter l'échouage. Mais nous avons maintenant l'habitude de ces soubresauts tempétueux qui viennent perturber les plans.

Notre première visite à cette base de recherche nous permet de rencontrer plusieurs scientifiques et de visiter les bâtiments qu'occupent la quarantaine de résidents. Ici, les biologistes étudient les manchots d'Adélie, les labbes, les pétrels, le krill, les plantes et une curieuse petite mouche d'à peine 3 millimètres de longueur, la *Belgica*. Elle a payé le prix de l'évolution dans un milieu antarctique en perdant ses ailes, ce qui lui permet de se déplacer avec beaucoup plus d'aisance dans cet environnement souvent très venteux... Parmi toutes ces espèces, les manchots d'Adélie sont sans aucun doute les « vedettes » de Palmer. Le travail du Dr Bill Fraser, un des scientifiques américains qui étudient ces oiseaux depuis une trentaine d'années, a permis de suivre plusieurs populations de manchots d'Adélie. Les changements climatiques ont eu un impact majeur sur cette espèce qui, d'année en année, retourne toujours au même endroit pour nicher et semble incapable de s'adapter aux bouleversements récents survenus dans son environnement. Le Dr Fraser et son équipe craignent le pire pour cette espèce...

Depuis quelques décennies, l'augmentation de la température dans la région de la péninsule a provoqué la diminution du couvert de glace sur les océans entourant l'Antarctique, ce qui a perturbé l'environnement. Les manchots, mais aussi les labbes, les pétrels, le krill et les plantes sont affectés par ces changements. Le monde antarctique est fascinant et mérite d'être découvert. Mais il est malheureusement aux premières loges des changements climatiques, et les conséquences sont trop souvent désastreuses pour les espèces hautement spécialisées qui y vivent...

La station scientifique américaine de Palmer est située sur l'île d'Anvers, à une latitude de 64,7° S. et une longitude de 64,0° O. Une quarantaine de personnes y travaillent pendant l'été austral.

Les manchots d'Adélie

Les manchots d'Adélie sont des oiseaux marins particulièrement bien adaptés à la glace. Ils arrivent les premiers au printemps, quand la banquise recouvre encore la mer. Ils doivent souvent marcher sur des kilomètres pour rejoindre leur site de nidification. L'augmentation vertigineuse des températures enregistrées autour de la péninsule (2,5 °C au cours des dernières décennies) a toutefois modifié considérablement l'environnement vital de ces manchots. L'élévation rapide du mercure entraîne inévitablement une réduction importante du couvert de glace. Cette diminution de la banquise provoque une plus grande évaporation de l'eau, qui n'est plus recouverte de sa protection isolante. La vapeur d'eau s'élève et forme des nuages qui se déchargent sur les îles et le continent. Cette augmentation de précipitations cause de sérieux problèmes aux manchots d'Adélie qui, les premiers, arrivent sur les îles et les côtes pour nicher.

Les manchots d'Adélie sont fidèles à leur site de nidification, retournant toujours au même endroit pour pondre leurs œufs. Souvent, au printemps, la neige recouvre complètement le sol et les manchots, programmés suivant des règles naturelles d'une stabilité millénaire, n'ont d'autre choix que de retarder la ponte. Certains, en désespoir, pondent dans la neige. Les œufs, qui doivent être conservés à une certaine chaleur pour se développer, ne peuvent supporter le froid et meurent gelés. Les plus chanceux retrouveront leur nid libre de neige. Mais la fonte printanière de la neige environnante provoquera souvent un écoulement important au sein de la colonie. L'eau s'accumule dans les nids, de simples petites cavités dans le sol, et inonde l'œuf. L'embryon, privé d'oxygène, meurt noyé.

Les travaux du Dr Fraser démontrent avec éloquence une réelle catastrophe en cours. Il y a vingt ans, on dénombrait plus de 17 000 manchots d'Adélie en face de la base de Palmer. Aujourd'hui, on en compte à peine 6 500... Selon le chercheur, les manchots d'Adélie sont des indicateurs d'une situation environnementale qui touche l'ensemble de la péninsule. À preuve, il faut voir comment les espèces moins bien adaptées à la glace, celles que l'on retrouve surtout sur les îles subantarctiques, augmentent de façon exponentielle ici. Il y a vingt ans, on s'étonnait de voir soudainement apparaître des otaries à fourrure à proximité de la base. Aujourd'hui, elles sont plusieurs milliers... Même constat pour les éléphants de mer, dont la population s'est accrue de plus de 300 % au cours des dernières années... Les manchots papous et les manchots à jugulaire, deux espèces typiques des îles plus au nord, vivent aussi une importante croissance démographique dans le secteur.

Toutes ces espèces, qui migrent soudainement plus au sud, trouvent ici des conditions climatiques nouvelles qui leur conviennent. Sous l'effet des changements climatiques, la barrière de glace s'effrite et la frontière de l'Antarctique se déplace graduellement vers le sud. Ces espèces, nouvelles à cette latitude, profitent des conditions plus clémentes pour envahir le secteur et devenir des concurrentes redoutables pour les espèces indigènes, celles qui, historiquement, ont toujours été mieux adaptées à la glace, comme le manchot d'Adélie. La rapidité des changements en cours ne laisse aucune chance à la nature de faire son travail d'adaptation. Devant pareille situation, les animaux spécialistes deviennent souvent des victimes inévitables de changements environnementaux trop soudains. Nos observations ici en Antarctique rappellent ce que nous avons déjà observé en Arctique en 2002. Les changements climatiques provoquent incontestablement une perte de biodiversité : ours polaire au Nord, manchot d'Adélie au Sud.

Les pôles sont des avant-postes, des indicateurs du climat. Comme le canari dans les mines de charbon, le manchot d'Adélie crie haut et fort pour annoncer une catastrophe à venir. Il unit sa voix à celle des nombreux scientifiques qui, trop souvent, prêchent seuls dans le désert... Un désert de glace...

Les couples, souvent fidèles, reconstruisent leur nid en octobre et donnent habituellement naissance à deux poussins, dont ils s'occupent à tour de rôle.

Les manchots d'Adélie passent la majorité du temps sur les petits icebergs qu'ils utilisent comme tremplins. Ils séjournent à terre seulement pour accomplir le cycle de reproduction : l'accouplement, la nidification, la naissance et l'élevage des poussins.

Les manchots d'Adélie peinent à s'adapter aux changements de leur environnement. Certaines colonies, dans le secteur de la péninsule antarctique, sont menacées d'extinction.

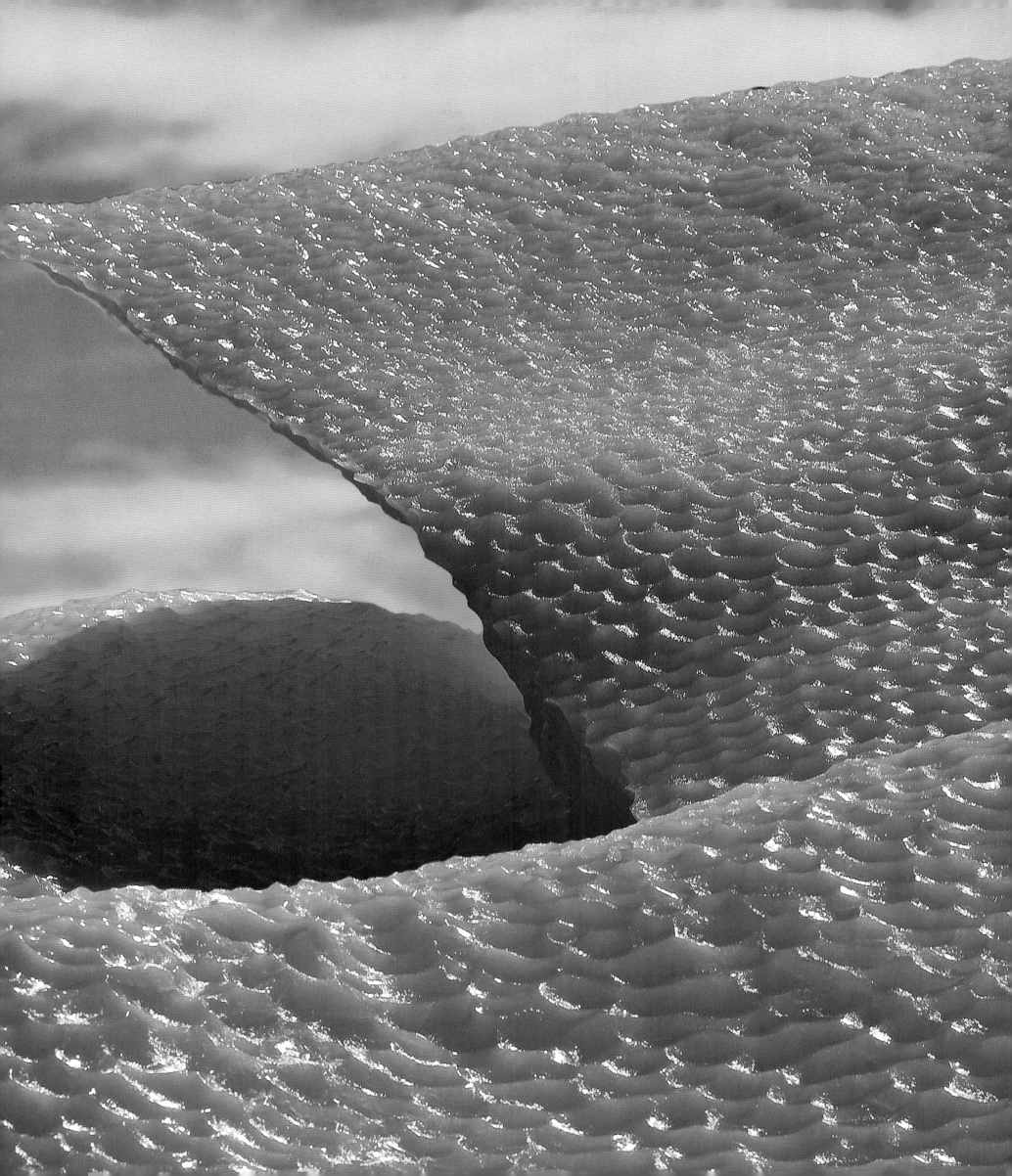

Voir Paradise Bay et mourir... d'envie d'y revenir.

Paradise Bay

Le paradis existe. En sortant de Palmer, il suffit de tourner à gauche sur De Gerlache, puis, à l'intersection, tourner à droite. Longer la petite station scientifique chilienne et continuer tout droit jusqu'au refuge argentin d'Almirante Brown. Mouiller l'ancre, le paradis est ici.

J'ignorais que l'harmonie ressemblait tant à la beauté. Ici, tout est subtilement agencé en tableaux, en une succession de montagnes qui caressent le ciel, en nuages qui effleurent les sommets enneigés. La mer est toujours calme. Un microclimat, une enclave entourée de hautes cimes qui protègent du vent. J'avais promis à l'équipage que nous ferions escale au paradis. Chose promise, chose due…

Mario, Claude et Joëlle sont partis explorer le côté sud de la baie à bord d'un des bateaux pneumatiques. Quelle ne fut leur surprise de voir surgir un manchot à jugulaire plutôt particulier… Intrigué par la présence d'humains en Zodiac, il a simplement décidé de sauter à bord. Pendant plus de cinq minutes, il est resté là, curieux, étonné par notre pneumatique et la caméra sous-marine. Quand René, notre capitaine, a voulu communiquer avec l'équipe du Zodiac à la VHF, il a sursauté et il est parti. Le silence est d'or ici, notre invité n'a pas semblé apprécier ces voix sorties de nulle part.

Nous avons levé l'ancre et sommes partis faire le tour de la baie, sans but précis, simplement pour emmagasiner les images, succession sans fin de tableaux naturels parfaits. Entre les icebergs, *Sedna* se faufilait au grand plaisir des troupes rassemblées sur le pont. Les icebergs ont révélé leurs plus belles couleurs, dans une harmonie de formes aux galbes arrondis par le temps. Vert émeraude, bleu du ciel et blanc pur… Harmonie, harmonie, harmonie… La brume est venue masquer une partie des montagnes, mais toujours avec le même équilibre. Paradise Bay, la magique. Difficile de décrire ce qu'elle dégage, ce qu'on ressent quand on la visite. Cette nuit, nous dormirons ici. J'ai toujours rêvé de m'endormir, puis me réveiller au paradis. Simplement. Voir Paradise Bay et mourir… d'envie d'y revenir.

Un nouveau membre d'équipage s'est joint à nous… Ce manchot à jugulaire a inspecté notre pneumatique sous tous ses angles.

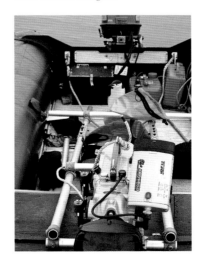

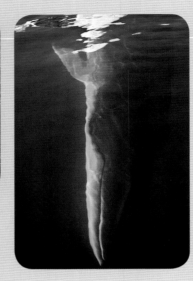

Le rorqual bleu (*Balaenoptera musculus*), la baleine noire (*Eubalaena glacialis*) et le petit rorqual (*Balaenoptera acutorostrata*) ont tous été victimes d'un carnage à grande échelle qui a débuté dans l'hémisphère Nord.

LE DERNIER CONTINENT

Mikkelsen Harbour :
le massacre des géants

Nous avons fait escale à l'ancienne station baleinière de Mikkelsen Harbour, un avant-poste de chasse à la baleine sur l'île de Trinity, à environ une journée de voile de l'île Déception, l'ancienne capitale mondiale de la chasse à la baleine. Au siècle dernier, plus de deux millions de baleines ont succombé sous les coups de harpon des chasseurs. Les grandes nations comme l'Angleterre, les États-Unis, la Russie, le Japon et la Norvège ont dominé cette période d'exploitation commerciale, mais la majorité des autres pays industrialisés ont également contribué au déclin des populations. Le Canada, l'Islande, la France, l'Australie et la Nouvelle-Zélande ont pratiqué la chasse ou ont participé à la transformation des baleines en matières industrielles.

La première victime du carnage fut la baleine noire ou baleine franche, une espèce côtière, lente et facile d'approche. Au XIXe siècle, en moins de soixante-dix ans, les baleiniers américains en tuèrent plus de 190 000 dans l'Atlantique Nord. Sa chasse fut interdite en 1935, mais il était déjà trop tard. Aujourd'hui, il ne reste environ que 350 baleines franches dans cette mer froide... Après avoir abattu les baleines noires jusqu'au seuil de leur disparition, l'industrie baleinière s'en prit à une autre espèce : la baleine à bosse. En moins de cent ans, près de 95 % de la population mondiale de rorquals à bosse fut anéantie. On dénombre aujourd'hui environ 30 000 rorquals à bosse dans les océans de la planète. Avec le perfectionnement des techniques de chasse, les baleiniers ont pu graduellement s'attaquer à des espèces de plus en plus rapides comme le rorqual commun. Il devint une victime à grande échelle, et les stocks de rorquals communs furent à leur tour exploités à outrance sur tous les océans du globe.

Mais le symbole absolu de cette période de battue industrielle demeure le plus imposant de tous les animaux de la planète : le rorqual bleu. La population mondiale de baleines bleues était estimée à plus de 350 000 individus. Sous la pression d'une exploitation commerciale incontrôlée, près de 99 % de ces géants de la mer furent décimés au cours du siècle dernier dans l'hémisphère Nord. Mais le seuil critique des populations de baleines de cette région du monde n'allait pas pour autant ralentir l'ardeur des baleiniers, qui ne voyaient dans cette ressource qu'une façon d'augmenter toujours davantage leurs profits. Les chasseurs ayant vidé la majeure partie des océans, il ne restait qu'un endroit encore pratiquement intouché : l'Antarctique.

Après avoir tué plus de deux millions de baleines et dévasté les populations de tous les océans, les baleiniers voient leurs profits chuter en raison de la rareté des stocks. Les pays qui pratiquent la chasse commerciale décident de se regrouper pour mieux contrôler leur propre industrie. En 1948, ils forment la Commission baleinière internationale. Mais cette mesure n'empêche pas les abus. Dans les années 1970, le public en a assez, et la mobilisation s'organise. Devant les protestations populaires et sous la pression des groupes environnementalistes, plusieurs pays opposés à la chasse rejoignent les rangs de la Commission et imposent un moratoire sur toute chasse commerciale en 1986. Mais le Japon, l'Islande et la Norvège continuent de chasser certaines espèces de grands mammifères marins, malgré les protestations répétées de l'opinion publique. Chaque année, le Japon organise une campagne de chasse dite « scientifique », une façon sournoise de contourner les règles du moratoire. Après plus de 400 ans d'exploitation commerciale, le débat sur l'avenir des populations de baleines demeure encore un enjeu réel, surtout depuis le retour en nombre de certaines espèces comme le rorqual à bosse ou le petit rorqual.

Jamais l'humanité n'a été aussi près d'une reprise des hostilités avec les derniers géants de la planète. Les océans du monde ont été pillés à un rythme qui ne peut supporter la vie. Et les erreurs du passé ne semblent avoir aucun effet sur nos décisions concernant notre avenir proche. Le sort des baleines n'est qu'un exemple parmi tant d'autres. Quel sort réserverons-nous aux autres formes de vie qui partagent notre environnement ? La réponse à cette question pourrait bien influencer l'avenir de tous les habitants de cette planète, y compris le nôtre...

L'histoire sanglante de l'époque de la chasse à la baleine a laissé ses marques sur plusieurs îles de la péninsule antarctique. Les ossements nous rappellent que la majorité des espèces de grandes baleines a frôlé l'extinction.

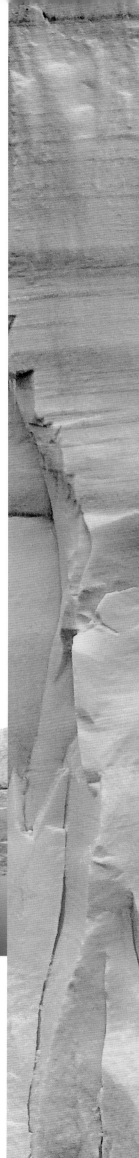

Les différentes teintes de bleu
dans la glace des glaciers donnent
une idée de l'immense pression
exercée sur les différentes couches
au cours des années.

Plein sud

Nous ne sommes plus qu'à quelques milles nautiques du cercle polaire antarctique, et pas une journée ne passe sans que nous ayons à flirter avec la glace. Il est étonnant de constater à quel point nous contrôlons de plus en plus la situation. La crainte des premiers jours, ressentie quand la glace nous a complètement encerclés, a vite fait place au défi à relever, à la tâche à accomplir. Plus besoin de distribuer les rôles d'appel. Chacun a son poste dans les conditions périlleuses, communiquant au capitaine dans un langage clair, précis, où l'hésitation n'est pas permise. La manœuvre doit être franche et directe pour éviter les icebergs et la glace en dérive. Il faut connaître le bateau pour anticiper le temps de réaction devant l'obstacle.

Nous avons mouillé l'ancre en face d'un glacier qui s'étendait jusqu'à l'horizon. Impressionnant ! Ce mur de glace crevassé laissait pénétrer en son sommet la lumière, qui prenait des reflets bleu acier, presque violets. Rarement nous avons vu la glace millénaire dans un si bel étalage de teintes subtiles, transitant entre le vert, le turquoise, le blanc et le bleu. *Sedna* s'est même permis une petite balade à proximité du mur, ce que nous n'aurions jamais osé au nord de la péninsule. La stabilité de cette glace n'a rien de comparable avec les glaciers rencontrés précédemment. Ici, tout près du cercle polaire antarctique, les températures n'ont pas franchi la barre du zéro pendant le week-end et l'activité glaciaire fut donc au minimum.

Nous avons mis le cap plein sud, en direction de la baie Marguerite. Si tout va bien, si la glace veut bien nous laisser un passage, nous atteindrons notre point le plus méridional du voyage. Sans trop pousser notre chance, nous devrions frôler le 68e degré de latitude... Si on m'avait dit qu'un jour *Sedna* irait aussi loin, je ne l'aurais pas cru. Sans cet équipage, sans l'expérience de la glace acquise au fil des ans, la mission aurait été impossible. Et

sans ce réchauffement qui accélère la disparition estivale de la banquise, jamais nous n'aurions pu faufiler *Sedna* jusqu'au sud du Sud. Aujourd'hui, la prudence et l'expérience font équipe. La technologie moderne nous permet de prévoir les tempêtes, les mouvements de glace et nos systèmes de communication sont à la fine pointe de la technologie. Nous pousserons l'exploration jusqu'aux limites de notre voilier, car c'est bien là notre limitation.

Je crois au talent de cet équipage pour atteindre la banquise éternelle, encore plus au sud, mais je connais aussi les humeurs de Dame Nature, que je respecte. Elle nous ouvre aujourd'hui un passage entre ses glaces pour que nous puissions témoigner de la beauté et de la fragilité de son continent de glace. À nous de connaître et d'évaluer les limites de nos possibilités, pour que les résultats de cette quête scientifique puissent profiter à d'autres, et que le message de conservation et de protection de la nature puisse toujours surpasser la réalisation d'objectifs personnels ou, surtout, l'exploit. Le commandant de la *Belgica*, le premier voilier scientifique à hiverner en Antarctique, en 1898-1899, disait ceci, au moment de son bilan : « Le temps n'est plus à ce qu'on pourrait appeler les "expéditions records", incontestablement fort héroïques, mais bien peu productives pour la science... et la connaissance générale. » Bien dit, commandant Adrien de Gerlache de Gomery !

Ici, la glace est dure comme
du béton et la prudence est
de mise .

Une sterne arctique se dirige
vers l'intérieur de cette crevasse
d'un bleu azur. Chaque année,
elle parcourt le globe,
de l'Arctique à l'Antarctique.

Nuit d'enfer

J e suis allé sur le pont arrière pour prendre l'air. En fait, je devrais dire pour prendre l'eau. Les vents en rafales transportaient une pluie forte, pénétrante, qui fouette le visage et paralyse la mâchoire en un instant. Après la rédaction de mon journal de bord, j'ai voulu respirer l'air de l'Antarctique, comme tous les soirs avant de m'abandonner à la nuit.

Sur le pont arrière, on n'entendait que le vent et la pluie. Jusqu'à ce qu'une sourde détonation n'attire mon regard vers l'avant. Difficile d'y voir quelque chose. Je cherche en vain l'origine de ce bruit sourd, caverneux. Malgré la pluie qui altère ma vision, tout semble normal. Devant nous, une interminable langue glaciaire que les nuages, trop bas, ne découvrent même pas entièrement. Évidemment, pas de navire en vue, pas de baleines non plus, rien. Nous sommes seuls au sud de l'île Lavoisier, perdus au cœur de la péninsule antarctique. Pourtant, j'ai bien entendu une explosion, une sorte d'éclatement, un puissant fracas qui ne peut tirer sa source que du glacier. Les yeux mi-clos, je cherche un mouvement, un indice, un soupçon qui me permettrait de simplement rentrer à l'intérieur, dans le chaud confort de ma cabine. Je n'ai pas envie de jouer avec le vent, pas ce soir… Devant, l'interminable bande de glace accrochée à l'île. Mais est-elle bien accrochée ?

Je rentre à la timonerie pour chercher les jumelles. Charles est déjà là. Nos regards se tournent simultanément vers deux immenses icebergs, droit devant *Sedna*. Le glacier vient de cracher deux monticules de glace, libres de tous mouvements, dérivant rapidement vers nous sous l'effet des vents violents qui soufflent en rafales. Les autres membres d'équipage sont venus nous rejoindre à la timonerie. Tous, nous observons chaque manœuvre des blocs mouvants, pour bien comprendre la situation à laquelle nous aurons peut-être à faire face. La taille de ces îles flottantes laisse supposer qu'elles s'échoueront avant d'arriver jusqu'à nous. Pareils icebergs cachent environ 80 % de leur masse sous la surface. Par moins de 100 mètres de fond, ils s'immobiliseront, inévitablement.

Ils avancent toujours vers nous. Peut-être devrions-nous lever l'ancre ? Ils sont maintenant à moins de 500 mètres et dérivent à grande vitesse… Nous ne ferons pas le poids s'ils ne s'immobilisent pas rapidement… 400 mètres… 300… 200, hum, hum… 150 mètres, c'est maintenant la longueur de

notre chaîne… Bon ! Que fait-on ? Notre théorie de l'échouage est presque incontestable, mais peut-être ne lisent-ils pas les mêmes bouquins que nous… Oh !… ils ralentissent, pivotent un peu, puis s'immobilisent ! Ouf !… Ils sont très près de nous, mais ils paraissent stables, figés. Tout à coup, quelque chose d'étrange semble se produire… Un morceau se brise, puis un autre, immenses. En s'échouant, l'impact a sans doute fragilisé l'un des icebergs qui commence à se démanteler. En moins de temps qu'il ne faut pour le dire, avec une perspicacité dictée par l'expérience, Charles a actionné le moteur d'étrave, permettant ainsi d'éviter de justesse les blocs de glace.

Devant la menace constante, nous avons finalement décidé de lever l'ancre vers 22 heures. Les vents n'ont jamais diminué, pas plus que la pluie qui, pendant des heures, a fouetté nos visages engourdis par le froid. Par trois fois, nous avons tenté de mouiller l'ancre. Le seul endroit capable de retenir *Sedna* au mouillage, sous 100 km/h de vent, venait de nous être dérobé par deux icebergs plus imposants que nous. Nous avons louvoyé entre les montagnes de glace, sous vents de tempête, pendant toute la nuit. Nous ne faisions pas le poids contre les forces de la nature…

Les morceaux de glace qui se détachent des grandes langues glaciaires sont parfois un réel défi pour la navigation.

La pression exercée par la masse de glace qui descend vers la mer fracture le glacier en d'innombrables icebergs.

À la limite des glaces éternelles

Sedna a franchi le cercle polaire antarctique !
On nous annonce encore des vents violents
pour demain, mais nous serons bien attachés au
quai de Rothera, la base scientifique britannique.
Rothera est l'un des plus importants avant-postes
de recherche en Antarctique. Une piste d'atterrissage permet aux scientifiques d'accéder au cœur
du continent, car c'est d'ici que partent toutes les
expéditions scientifiques. Une flotte d'avions ca-
nadiens – les fameux « Twin Otter » – est utilisée
pour le transport des troupes sur le continent.
Des caches de carburant permettent aux équipes
de se déplacer un peu partout. Les scientifiques
du British Antarctic Survey (BAS) utilisent encore les bonnes vieilles méthodes de terrain. Ici,
on ne fait pas dans le luxe ni dans le confort. Les
scientifiques qui veulent aller chercher des échantillons sur le terrain devront apprendre à faire du
camping, savoir conduire une motoneige, utiliser
les traîneaux et, surtout, pouvoir composer avec
les éléments d'une nature hostile, dangereuse et
imprévisible.

Chaque équipe est accompagnée d'un guide de
montagne spécialement formé pour assurer la
sécurité en conditions extrêmes. Les tentes trian-
gulaires particulièrement bien adaptées pour les
conditions périlleuses, similaires à celles utilisées
par Scott ou d'autres explorateurs de l'époque
des pionniers, servent toujours. Certains scientifiques
et leurs guides peuvent camper jusqu'à cent jours
d'affilée sur le terrain… Il y aura bien un avion
de temps en temps, pour le ravitaillement. Mais,
pour plusieurs, ce sera le seul contact avec le reste du
monde. Tous les scientifiques d'expérience parlent
avec nostalgie de l'époque des traîneaux à chiens.
Le traité de l'Antarctique interdit dorénavant les
chiens ou tout autre animal introduits sur le territoire antarctique. Les derniers chiens de traîneau
ont quitté la base de Rothera en 1995.

Les scientifiques polaires aimaient leurs chiens.
Ils étaient beaucoup plus que de simples animaux
de transport. Ils procuraient une certaine forme
de réconfort durant les longues campagnes de recherche. Ils devenaient rapidement de véritables
compagnons de voyage. Aujourd'hui, la motoneige
remplace le chien de traîneau. Les défenseurs du
traité de l'Antarctique parlent des risques inhé-
rents à l'introduction d'une nouvelle espèce dans
l'écologie fragile de cet écosystème. Mais d'autres
argumentent que les effets néfastes des moteurs
à combustion des motoneiges causent aussi des
torts importants à l'environnement. Je sais, par expérience, que la présence d'un animal en conditions d'isolement chasse la solitude et permet un
transfert d'affection que je considère comme important et bénéfique.

Les Britanniques sont les leaders incontestés de
la science en Antarctique. Ils ont découvert le trou
dans la couche d'ozone, viennent de prouver que
l'océan autour de la péninsule antarctique se réchauffe, et leurs travaux sur les effets des changements climatiques sur la faune sous-marine
sont remarquables. Aujourd'hui, *Sedna* a réussi à
rejoindre le point le plus au sud de son expédition.
À moins d'une heure de navigation d'ici, plus rien
ne passe, tout est figé par la glace et les quelques
filets d'eau libre se refermeront bientôt avec le
froid. Les scientifiques de Rothera terminent déjà
leur saison de recherche. Ils rentreront à la maison,
pendant que nous retournerons vers le nord, afin
de préparer notre hivernage.

La station britannique de Rothera.
Quel étrange sentiment
de retrouver si loin au sud
une piste d'atterrissage et
des véhicules motorisés.

La base scientifique de Rothera

Les preuves des changements climatiques observés autour de la péninsule antarctique sont irréfutables. Les impacts de ces bouleversements auront des répercussions sur tous les continents. La problématique est mondiale. Quand nous parlons des manchots d'Adélie, une espèce qui a besoin de la glace pour accomplir ses cycles vitaux, nous ne choisissons qu'une espèce parmi tant d'autres. Certes, les jolis animaux en difficulté déclenchent souvent chez nous, observateurs, de la compassion. Pourtant, les espèces les moins connues, les plus discrètes mais aussi les plus abondantes, sont souvent celles qui subiront de plein fouet les effets catastrophiques des changements climatiques.

En Antarctique, les organismes marins vivent dans un environnement extrêmement stable depuis des millénaires. Sous la surface, rien ne vient perturber la vie de ces espèces qui, lentement, vivent, se nourrissent et se reproduisent depuis toujours. Les seules véritables menaces demeurent les icebergs, imposantes masses de glace qui, lorsqu'elles raclent le fond, détruisent tout sur leur passage. Mais ce labourage joue un rôle essentiel dans le repeuplement des habitats. Depuis la nuit des temps, les mêmes phases règlent le grand cycle de la vie.

Les chercheurs de la base scientifique de Rothera ne font pas dans le joli ou le populaire. Ici, on n'étudie pas les baleines ou les manchots. Ici, on se concentre sur les espèces des fonds marins qu'on ne voit que rarement, celles qu'on ne connaît pas vraiment. Dans leurs aquariums, des êtres étranges, invertébrés, presque immobiles, sont au cœur d'une recherche à long terme sur les effets des changements climatiques. Comment réagiront les étoiles de mer ou les autres mollusques ou crustacés si la température de l'eau continue d'augmenter ? Et quels sont leurs seuils de tolérance ?

Les chercheurs constatent avec stupéfaction qu'une variation minime de la température de l'eau affecte tout le grand cycle de la vie en Antarctique. Certaines espèces meurent tout simplement si l'on hausse de 3 ou 4 °C le thermostat naturel du plus grand aquarium de la planète. Mais bien avant d'atteindre cette limite vitale, plusieurs cesseront de se reproduire, de se nourrir ou deviendront vulnérables devant les prédateurs à partir d'une hausse de 2 °C. Or, les scientifiques britanniques ont enregistré une augmentation fulgurante de la température de l'océan antarctique dans ce secteur de la péninsule de 1 °C durant les cinquante dernières années ! À ce rythme, certaines espèces risquent de disparaître localement au cours du prochain siècle. L'ensemble de la vie marine est régi par un principe établi depuis très, très longtemps : la stabilité de l'habitat.

La catastrophe climatique ne touchera pas seulement ceux que nous ne connaissons pas car, souvent, ils servent de nourriture à ceux que l'on observe, que l'on filme et que l'on trouve charmants. Quand le crustacé planctonique voit son cycle de vie affecté par la disparition progressive de la banquise, personne ne s'en inquiète trop. Mais si une baleine est retrouvée morte, amaigrie, flottant en surface, on alerte aussitôt l'opinion publique. Pourtant, la situation du plus petit explique bien souvent celle du plus grand. La diminution des populations de krill, ce petit crustacé planctonique qui constitue la nourriture préférée des baleines, pourrait bien être à l'origine de la mort de la baleine…

Les scientifiques britanniques de la base de Rothera ne font peut-être pas dans le spectaculaire. Pourtant, les résultats de leurs travaux sur les différentes espèces animales des fonds marins permettent de mieux comprendre les effets des changements climatiques sur l'ensemble de la vie de la planète. Accepter de voir disparaître les espèces sans réagir risque de compromettre l'équilibre sacré de la grande chaîne qui supporte la vie. Car, faut-il le rappeler, tout est relié sur cette petite planète, du plancton microscopique au dernier des prédateurs. L'inquiétude grandissante sur l'avenir de la biodiversité planétaire devrait nous alarmer, car au sommet de la grande chaîne de la vie se trouve le plus grand des prédateurs : l'Homme !

Cet isopode, qui vit dans les eaux de l'Antarctique, peut atteindre une longueur de 20 centimètres. Il est omnivore et mange tout ce qu'il trouve : étoiles de mer, mollusques, oursins, krill, vers et même d'autres isopodes !

Le krill possède des organes spéciaux, appelés photophores, qui lui permettent de produire une faible lueur de coloration bleutée.

Pour rester actifs dans les eaux
glaciales de l'Antarctique, certains
poissons profitent de la présence
de protéines antigel dans
leurs tissus pour abaisser le point
de congélation de leurs organes.

Les eaux froides et riches
en oxygène permettent
aux organismes d'atteindre
des tailles considérables.
Certaines étoiles de mer
mesurent jusqu'à 50 centimètres
de diamètre.

Comment réagiront les anémones,
les mollusques ou les crustacés
si la température de l'eau continue
d'augmenter ?

Le 68ᵉ degré de latitude sud

Sedna s'est faufilé entre les glaces
dérivantes jusqu'à la limite
de la banquise permanente.

Ici, la glace, c'est
du sérieux. Plus
que jamais, nous
nous rendons
compte que
la frontière
entre le possible
et l'impossible
est souvent bien
mince.

Quelle journée ! Nous avons franchi le 68ᵉ degré de latitude sud. Incroyable. Qui aurait cru cela possible… *Sedna* vient de franchir une nouvelle limite. Limite géographique et limite de glace. Pour atteindre la petite station scientifique de San Martin, il a fallu se battre contre cette glace, contre des icebergs qui refusaient de laisser le passage. Et quel combat ! Près de cinq heures pour parcourir sept petits milles. Cinq heures pour contourner, une à une, les îles de glace qui empêchaient tout passage. Nous les avons frappées, nous les avons bousculées, nous les avons même cassées. Les plus petites, j'entends…

En toute honnêteté, si nous avions su, nous serions probablement demeurés ancrés, immobiles, à attendre l'arrivée du brise-glace *Irizar*. Mais une fois engagé dans le labyrinthe, il est assez difficile de faire marche arrière. Nous avons progressé lentement, prudemment, puis le canal s'est refermé derrière nous. Il valait mieux continuer…

Nous sommes arrivés à San Martin avec tous nos morceaux, heureux d'y être parvenus, mais aussi anxieux, puisqu'il faudra bien retourner sur nos pas un jour… Ce soir, vers 23 heures, le brise-glace argentin *Almirante Irizar* arrivera aussi. Sur son pont, on devrait voir un certain Mariano Lopez, l'ami, le complice, sans doute impatient de retrouver sa grande famille pour la prochaine année. Mariano sera notre conseiller psychologique durant l'hivernage. J'ai demandé au « psy » de rejoindre l'équipe un mois avant que les membres ne prennent leur décision finale, celle de partir ou de rester. Un hivernage ne s'improvise pas et il est encore possible de décider un retour à la maison avant l'hiver. Mais le temps des choix est arrivé. Quand, dans un mois, nous croiserons la route de l'*Irizar* pour une dernière fois, il n'y aura plus d'autre option. Quand l'hiver se refermera sur nos solitudes et que le dernier brise-glace aura quitté le secteur, nous serons seuls pour les neuf prochains mois. Le rapatriement ne sera plus possible. Au cours des jours qui viennent, Mariano procédera à l'évaluation psychologique de chacun d'entre nous. Il conseillera ceux et celles qui hésitent encore, car le doute n'a plus sa place et nous en sommes très conscients.

L'arrivée de Mariano a gonflé le moral des troupes, mais le temps des retrouvailles a rapidement fait place à l'inquiétude. Les vents ont poussé les icebergs vers notre petit refuge enclavé entre deux glaciers, et nous savons qu'il faudra profiter du premier jour de conditions favorables pour déguerpir au plus vite et remonter vers le nord. Ici, la glace, c'est du sérieux. Plus que jamais, nous nous rendons compte que la frontière entre le possible et l'impossible est souvent bien mince.

Notre rendez-vous avec l'imposant brise-glace argentin *Almirante Irizar* a permis un premier ravitaillement en nourriture et carburant.

L'heure des choix

Ce jour devait venir, nous le savions tous. L'inévitable moment de la décision, incontournable, pour chaque membre de l'équipage. Un couperet qui mettrait fin à l'incertitude, qui trancherait définitivement l'avant de l'après, qui signerait le véritable début de l'hivernage. Nous venons de vivre une des périodes les plus intenses de notre voyage. Les décisions définitives sont tombées. Nous savons maintenant qui reste et qui part. L'équipe d'hivernage sera composée de : Amélie Breton, anthropologue ; Mario Cyr, chef plongeur ; Martin Leclerc, caméraman ; Mariano Lopez, intervenant en santé mentale ; Pascale Otis, biologiste ; Joëlle Proulx, cuisinière, et moi. Arriveront en mars prochain : Serge Boudreau, plongeur ; Marco Fania, preneur de son ; Damian Lopez, chef scientifique (Argentine) ; Stévens Pearson, mécanicien ; François Prévost, médecin ; Sébastien Roy, scientifique.

La nouvelle équipe sera donc composée de treize membres. Certains diront que c'est un chiffre porte-bonheur. D'autres pas… Je ne suis pas superstitieux. Devant l'ultime décision, nous avons tous ressenti le doute, une certaine insécurité. Mais les plans de départ sont respectés, et l'équipe pressentie demeure. Nous devrons maintenant vivre le deuil, accepter de voir partir nos amis, nos partenaires d'expédition qui rentrent à la maison. Nous profiterons de leur présence jusqu'à l'arrivée du bateau de la dernière chance, en mars prochain à Melchior, notre site d'hivernage. Mais, déjà, nous savons que leur absence sera lourde de conséquences, car l'amitié ne se remplace pas.

La nouvelle équipe sera donc composée de treize membres.
Certains diront que c'est un chiffre porte-bonheur.

La sérénité d'une nature
que nous ne connaissons
plus nous parle dans la nuit,
dans un silence qu'il faut
apprendre à décoder.

Dans le silence de la nuit australe

Les baleines ne cessent de patrouiller dans les environs, toujours à la recherche de krill, précieuse nourriture à la base de la vie en Antarctique.

Cette nuit, j'ai le sommeil en tourment et je profite de cette obscurité sans vent pour marcher sur le pont. Nous sommes à Neko Harbour, un des plus beaux sites de la péninsule antarctique. Ici, phoques, baleines et manchots nous tiennent compagnie et l'harmonie des éléments naturels nous ramène au début du monde. Cette nuit, tout s'est tu pour laisser au silence la place qui lui revient. Le glacier devant nous ne se distingue pas, car noire est la nuit. Pourtant, on le sent vivre, respirer, s'étirer. Nous sommes ancrés tout près de la côte, incapables de trouver un fond adéquat à distance raisonnable. Mais c'est peut-être mieux ainsi, cette nuit. La proximité avec la terre de glace nous fait sentir les choses.

La vie s'active dans la nuit et deux phoques respirent à proximité. Curieux, les phoques de Weddell viennent découvrir les intrus. Muni d'une torche électrique, je suis leur gracieux ballet sous-marin. Dans la pénombre, les êtres dansent avec une facilité déconcertante. À travers la noirceur pénétrante, la surface fusionne avec les profondeurs, et le faisceau de ma lampe accompagne les nageurs qui semblent voler dans la nuit. Tout en haut, le ciel scintille et les étoiles de la Voie lactée se reflètent dans le grand miroir d'une mer endormie. Pas un souffle n'ose venir briser cette plénitude sans fin, comme si l'harmonie des éléments retrouvés ici venait à peine de créer le monde. Tout est parfait, tout est immobile et éternel. La vie n'a pas pu débuter ailleurs.

Cette nuit, j'écris vers le Nord pour partager un peu de ce sentiment qui ne se décrit pas. Peut-être inutilement, cette nuit, j'écris pour montrer en mots ce que je n'arrive jamais à formuler. Voyez-vous toute cette beauté ? Entendez-vous ce silence ? Il y a bien sûr les cris des manchots papous de la côte qui se perdent dans la nuit ; la respiration discrète de ces phoques qui ne cessent de tourner autour de *Sedna* ; le souffle puissant des petits rorquals qui arpentent la baie ; les craquements sourds et caverneux du glacier qui n'en finit plus de projeter devant nous des icebergs sombres qui glissent à la dérive. Mais, ici, tous ces bruits ne sont qu'une forme d'expression du silence. Si je pouvais toucher ce silence.

À travers les mots et les maux qui circulent et dérobent les rêves à la nuit, je me perds à tenter d'expliquer comment tout est là, comment rien n'est perdu, comment tout est encore possible. Il n'y a d'harmonie que dans le cœur de ceux et celles qui veulent entendre ce silence. La sérénité d'une nature que nous ne connaissons plus nous parle dans la nuit, dans un silence qu'il faut apprendre à décoder. J'ai sans doute voulu poursuivre ce voyage pour effleurer quelque chose, une certaine harmonie que seuls la solitude, le temps et la nuit peuvent comprendre. Ce soir, dans ma cabine, j'ai le sommeil en deuil. Ici, le silence m'empêche de dormir. En silence, je retourne sur le pont…

Ça sent vraiment
la fin ici.
Tout le monde
se prépare
au départ. Tout
le monde, sauf
nous...

Première tempête de neige

Nous avons eu notre première tempête de neige de l'été… Paradoxal, mais il faudra nous y habituer, puisque l'automne n'est même pas encore installé. En fait, peut-être un peu. Mais hier, c'était l'été. Ici, les saisons ne semblent pas suivre le même calendrier.

Au petit matin, nous faisions route vers le canal Lemaire, l'un des sites les plus impressionnants de la péninsule antarctique. J'avais prévu des séances de photos qui auraient été étonnantes de beauté. Les vents, la glace et la neige en ont toutefois décidé autrement. Avec des vents de près de 85 km/h, une visibilité réduite à moins d'un mille et des icebergs disposés comme dans un champ de mines, nous avons dû changer nos plans. Pas question de prendre des risques à quelques jours de la fin.

Nous avons donc trouvé refuge dans la petite baie de Port Lockroy. Même les grands bateaux de touristes ont pris congé aujourd'hui. Trop de vent, ils ont pour la plupart changé leurs plans eux aussi. D'ailleurs, ils sont de moins en moins nombreux, les touristes. Ça sent vraiment la fin ici. Tout le monde se prépare au départ. Tout le monde, sauf nous… La neige accumulée au sol donnait des allures tristounettes aux pauvres manchots rassemblés en colonies. Pour eux aussi, l'heure du départ approche.

Mais pourquoi tout le monde s'en va ? Serait-ce qu'il y a quelque chose qui cloche avec nous ? Qu'importe… Nous sommes venus et nous restons ! Demain, nous mettons le cap sur l'archipel de Melchior. Nous commencerons les grands préparatifs en vue de l'arrivée du brise-glace *Irizar* qui amènera les nouveaux membres d'équipage pour l'hivernage et ramènera ceux qui ont décidé de retourner à la maison.

Cette nuit, nous naviguons pour une dernière fois. Un dernier transit en mer avant la grande immobilité imposée par l'hiver. Rien n'est plus difficile pour un marin que l'immobilité. Pour une dernière fois, pour une dernière nuit, nous nous laissons bercer par le mouvement incessant d'une mer mouvante que nous aimons tant. Pour une dernière fois, nous allongeons nos regards vers l'infini, pour emmagasiner les images, les souvenirs et les mémoires du temps. Malgré les décisions, cette nuit, pour une dernière fois, nous osons un dernier doute…

64°19,528' S - 62°58,640' O

Sedna est maintenant amarré devant la petite station de Melchior, son lieu d'hivernage. Si tout se passe comme prévu, *Sedna* ne bougera plus avant novembre ou décembre prochain. Neuf mois d'hivernage, d'inertie maritime. L'immobilisme transforme le marin, peut-être parce qu'il lui donne des allures de normalité qu'il n'apprécie guère lorsqu'elles s'éternisent. Mais pour une rare fois dans la vie du marin, la fuite ne sera pas une option. Pas cette fois, pas avant le retour du printemps austral.

Nous attendons désormais l'hiver… Sans prévenir, le sable du sablier a cessé de couler. En fait, il faut maintenant plutôt retourner le sablier, car une autre étape débute, longue, très longue, et sans doute difficile. *Sedna* est immobilisé, il attend l'hiver. Tout cela semble irréel. Nous naviguons depuis septembre et chaque jour, ou presque, nous découvrions un nouveau lieu. Chaque semaine,

nous poussions davantage l'exploration dans une course contre la montre. Les aiguilles de la montre viennent de s'immobiliser. La course est terminée.

L'aventure est pourtant loin de sa conclusion. Elle ne débutera qu'avec l'arrivée de nos nouveaux compagnons d'aventure, quand le brise-glace *Irizar* nous rejoindra pour l'ultime rendez-vous. Mais nous sommes des marins, nous aimons naviguer, sentir le sel de la mer sur notre peau, rouler sur les vagues qui nous portent toujours vers de nouvelles aventures. Cette fois, nous entrons dans une nouvelle étape, plus sédentaire, mais aussi sans doute plus personnelle.

Pour réussir à amarrer *Sedna* dans la minuscule baie de Melchior, nous avions besoin de conditions météorologiques exceptionnelles. La baie fait à peine 40 mètres de largeur, et il faut beaucoup de doigté pour faire reculer un navire de 650 tonnes entre deux caps de roche. Tout le monde avait sa

tâche bien précise. Chacun se rejouait le scénario dans sa tête, peut-être pour s'assurer qu'il n'allait pas être celui qui allait faire échouer le plan. L'enjeu était bien trop important. En un peu plus d'une heure, notre déesse des océans était ficelée dans la baie de Melchior. Nous sommes si près du rivage, une situation vraiment peu commune pour un voilier de 51 mètres. La petitesse de la baie nous protégera contre la pression de la glace quand l'hiver s'installera. L'opération demeure risquée, puisque les vents violents exerceront une forte tension sur les amarres. Et la côte est si près… Nous avons revu les plans mille fois, imaginé les pires scénarios. Nous sommes confiants. Le site de Melchior demeure le meilleur pour notre hivernage. Aujourd'hui, je salue le travail colossal de cette équipe merveilleuse qui a relevé l'un des plus grands défis de l'expédition. Aujourd'hui, plus que jamais, nous formons une équipe.

Les bâtiments abandonnés de la station de Melchior deviendront nos refuges ultimes en cas de sinistre durant l'hiver. Au cours des prochaines semaines, nous allons y transférer une partie de nos vivres, une génératrice d'appoint et tout le matériel nécessaire pour notre survie, juste au cas où l'accident bête viendrait compromettre la sécurité de notre voilier. Cette mesure de prévention peut paraître extrême, mais sans sauvetage ni rapatriement possibles pendant neuf mois, il est toujours préférable de se préparer au pire. Dans l'élaboration de nos plans d'hivernage, nous essayons de tout prévoir, d'imaginer les pires scénarios pour être en mesure de réagir efficacement, rapidement. Et l'on ne sait jamais quand il faudra réagir, quand les conditions météo se déchaîneront au-delà des limites acceptables. Melchior est une baie très bien protégée en raison de sa petitesse. Mais ses qualités sont aussi les plus grands de ses défauts…

Sedna est ancré et amarré dans la petite baie de Melchior qui ne fait que 40 mètres de large sur 100 mètres de long environ.

L'archipel de Melchior

Melchior est un groupe d'îles situé près du centre de la baie de Dallmann, dans l'archipel de Palmer. La position de la station argentine de Melchior, où nous sommes ancrés et amarrés pour l'hiver, est 64°20' S. de latitude et 62°59' O. de longitude. Une distance de 2 852 kilomètres nous sépare du pôle Sud, soit l'équivalent de la distance entre Montréal et Cuba, ou entre Paris et Moscou... Si nous regardons vers le nord, nous sommes, à vol d'oiseau, à 12 214 kilomètres de Montréal (Québec).

C'est en 1873-1874, lors de l'expédition de Dallmann, que les îles sont repérées pour la première fois. À cette époque, elles sont laissées sans nom. En 1903-1905, avec le bateau nommé *Français*, l'explorateur Jean-Baptiste Charcot fait la reconnaissance du littoral des îles Brabant et Anvers. Charcot décide alors de nommer les îles de la baie de Dallmann « l'archipel de Melchior » en l'honneur de Jules Melchior (1844-1908). Ce dernier était amiral dans la marine française et soutenait les expéditions de Charcot, particulièrement celle du bateau nommé *Pourquoi-Pas ?* (1908-1910). Fait intéressant, Jules Melchior est aussi le grand-père de Simone Melchior, la première épouse de Jacques-Yves Cousteau, célèbre commandant de la *Calypso*. À la suite de l'expédition de Charcot, les îles de Melchior furent explorées de nouveau en 1927, puis en 1942-1943 et en 1948 par des Argentins.

L'archipel de Melchior est composé de plusieurs îles, nommées selon les lettres de l'alphabet grec. Une base de l'Argentine, la station de Melchior, a été érigée sur l'une de ces îles, l'île Gamma, en 1947. C'est tout près de cette station, abandonnée depuis plusieurs années, que nous passerons les neuf prochains mois. Selon le compte rendu de l'*Antarctic Gazetteer*, l'archipel de Melchior est formé de 31 îles. Évidemment, la nomenclature diffère selon que l'on consulte une carte britannique ou argentine.

Sedna semble à l'aise au cœur de la petite baie de Melchior, son lieu d'hivernage. Deux ancres, près de 250 mètres de chaînes et treize amarres le retiennent bien solidement au roc.

Petite note romantique : Jean-Baptiste Charcot (1867-1936) se maria une première fois en 1896 avec Jeanne, petite-fille de Victor Hugo, mais celle-ci ne partageait pas son enthousiasme pour l'exploration scientifique. Charcot se remaria le 24 janvier 1907 avec Meg Clery, une peintre reconnue, qui le soutenait dans sa passion de l'Antarctique. En 1908, Meg fit le voyage jusqu'à Punta Arenas, au Chili, à bord du navire *Pourquoi-Pas ?*, mais elle retourna en France le 16 décembre 1908, jour du grand départ pour l'Antarctique.
À cette époque, les femmes ne faisaient pas partie des expéditions en Antarctique. D'ailleurs, il a fallu attendre jusqu'en 1935 pour qu'une femme y mette les pieds et ce n'est qu'en 1969 que la première femme s'est rendue au pôle Sud... Les temps changent... heureusement !

L'équipage vient de réussir l'un des plus grands défis de l'expédition : amarrer *Sedna* aux rives de la petite baie de Melchior.

Les îles qui forment l'archipel de Melchior ont été nommées au début du siècle dernier selon les lettres de l'alphabet grec. La base abandonnée de Melchior, où *Sedna* est amarré et ancré pour l'hiver, se situe sur l'île Gamma.

Maintenant, nous
sommes seuls avec
nous-mêmes, nous
sommes seuls
avec le temps…
et nous serons
seuls pour très très
longtemps…

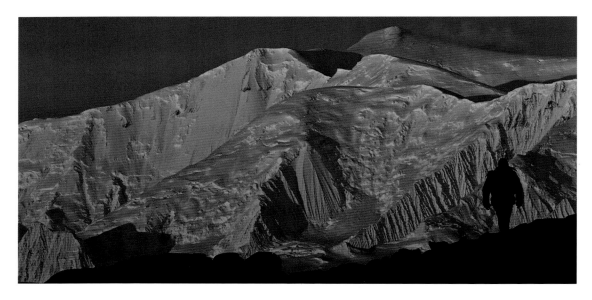

Le bateau de la dernière chance

Le ciel et la mer se sont déchaînés, puis l'*Irizar* est arrivé. La nouvelle famille est enfin réunie. Vers 19 h 30, heure antarctique, le bateau de la dernière chance a quitté la baie de Melchior, emportant avec lui nos amis, nos partenaires de vie des six derniers mois.

Journée mémorable. Des torrents de larmes ont effectivement coulé, mais la pluie tout aussi torrentielle a quelque peu camouflé l'émotion en surface. Pourtant, toute cette eau qui coulait sur nos visages avait un goût de sel, et la mer n'y était pour rien. Nous avons pleuré à répétition. Pas tellement parce que nous avions du mal à nous remettre de notre peine, mais parce que le départ a été reporté à plusieurs reprises à cause des mauvaises conditions climatiques… Nous avions les émotions à fleur d'eau à force de revivre les difficiles moments de cette séparation qui ne semblait ne jamais vouloir survenir.

Nos cœurs se sont déchirés en deux. Tristes de voir partir ceux et celles avec qui nous avons tant partagé. Mais aussi heureux de voir l'équipe de relève arriver. Les amitiés tissées au cours des six derniers mois sont inébranlables, solides et sans doute éternelles. De cette expérience indescriptible vécue en groupe, il restera des souvenirs qui seront difficiles à partager avec ceux qui n'ont pas vécu l'expérience. Voilà sans doute le prix à payer pour ceux et celles qui sont restés derrière, qui n'ont pas eu la chance de voir et de ressentir l'Antarctique.

Ce soir, au repas, nos regards cherchaient un peu les visages. Les nouveaux sont bien arrivés. Le bateau de la dernière chance est bien reparti. L'hivernage a bel et bien débuté…

Maintenant, nous sommes seuls avec nous-mêmes, nous sommes seuls avec le temps… et nous serons seuls pour très très longtemps.

L'île Brabant est presque entièrement recouverte de glaciers millénaires, qui reculent à une vitesse incroyable.

Le brise-glace de la dernière chance, l'*Almirante Irizar*, effectue une tournée des différentes bases de recherche pour rapatrier les scientifiques avant l'installation de l'hiver.

Le voyage intérieur

Nous sommes amarrés juste au-dessus du cercle polaire antarctique. Notre équipage, composé de dix hommes et de trois femmes, n'a d'autre choix que de faire front commun pour affronter la vie. Jusqu'en novembre prochain, nous devrons braver les éléments d'une nature hostile et supporter le temps. Dans la noirceur de la longue nuit australe, nous aurons à affronter des conditions de vie extrêmes, englacés dans la banquise antarctique, là où bien peu d'humains ont osé s'aventurer en hiver.

Au cours de cette formidable aventure humaine, ce défi physique et psychologique de taille, il faudra resserrer les rangs pour établir les règles de notre propre microsociété. Dans ces conditions de vie sans repères, aucune recette, aucun mode d'emploi. L'instinct reprend inévitablement une place importante en chacun de nous, car les artifices et les balises établies de nos sociétés ne sont plus. Pour ceux et celles qui ont décidé d'hiverner dans ces conditions téméraires et certainement risquées, il n'y a plus aucune possibilité de retour. Ni la maladie ni l'accident tragique ne pourront déclencher une opération de sauvetage. Le site d'hivernage est hors de portée des hélicoptères, beaucoup trop isolé pour les avions-ambulances et, surtout, il serait trop coûteux de mobiliser

l'affrètement d'un brise-glace en partance du continent. Pendant les neuf longs mois de l'hiver antarctique, le rapatriement n'est tout simplement pas une option pour ceux et celles qui ont décidé d'aller jusqu'au bout. Mais au bout de quoi exactement ?

C'est bien sûr la question que je me pose aussi, puisque je poursuis évidemment une démarche personnelle dans cette aventure. Mes questionnements deviennent alors des guides essentiels pour essayer de comprendre la démarche de mes équipiers. Au fil de mon propre cheminement, je suis en mesure d'explorer et de ressentir les émotions vécues au sein du groupe. Le voyage proposé est certainement intérieur, et personne ne peut prétendre connaître sa propre destination. Aventurier, médecin, plongeur sous glace ou cuisinière, personne ne sera épargné par la mesure du temps, par la solitude inévitable qui rattrape toujours ceux et celles qui cherchent quelque chose d'enfoui.

Personne ne sait quand ou comment, mais notre mission comporte son lot de risques réels. Ici, tout le monde essaie d'abord de survivre, de se donner des conditions de vie acceptables et sécuritaires. Personne ne peut prédire quand ou comment, mais il y aura des drames. Personne ne sait quand et pourquoi, mais nous vivrons des situations où

notre sécurité sera compromise, inévitable fatalité quand on s'expose à de telles conditions de vie. Il ne restera alors que ces hommes et ces femmes pour faire face à l'adversité, au défi, à la conjoncture que l'on ne contrôle pas toujours. C'est ce qu'on appelle la survie.

Dans un décor rude, mais grandiose, nous avons décidé de tout laisser derrière nous, de nous abandonner complètement pour vivre l'aventure totale. Nos regards de passionnés ne portent plus que vers l'avant. Nous sommes conscients des risques et des conséquences, mais résolus à vivre une expérience qui changera à tout jamais notre vision de la vie. Pour nous, une conviction commune : plus rien ne sera pareil désormais. On ne revient pas d'une telle aventure sans être transformé. Accepter de changer sa vie, d'hypothéquer sa vision de la vie, de bouleverser ses valeurs n'est pas sans conséquences. Pas question de reprendre les choses là où on les avait laissées avant le départ. Pareille aventure marque à tout jamais et imprègne l'âme d'une profondeur insoupçonnée et insoupçonnable. Ensemble, nous avons décidé de foncer, de nous embarquer sur un voilier qui nous mènera dans un grand sens unique, celui de la vie…

Pareille aventure marque à tout jamais et imprègne l'âme d'une profondeur insoupçonnée et insoupçonnable.

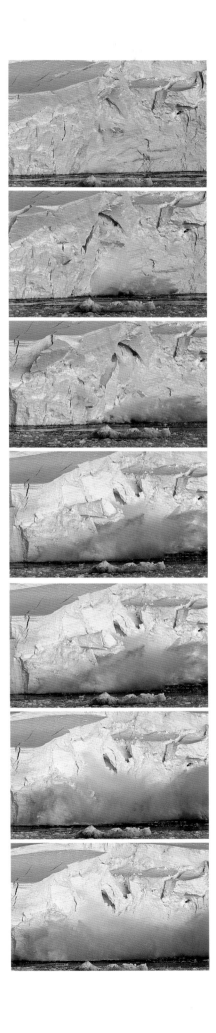

À l'eau !

L e ciel pleure depuis trois jours. Des torrents, ininterrompus, interminables. Au départ des anciens, toute cette pluie arrivait à camoufler nos larmes, mais au petit matin du premier jour de l'hivernage, nous aurions préféré des températures plus froides, plus normales. En guise de prévention, nous organisons une corvée pour vérifier l'état de notre nourriture surgelée, ensevelie sous la neige, dissimulée dans nos trappes de conservation taillées à même le glacier. Malheur ! Tout est décongelé… Des tonnes de nourriture risquent maintenant de se perdre. En ville, nous aurions probablement jeté la majeure partie de la viande. Ici, quand le ravitaillement n'est plus possible pour les neuf prochains mois, nous utilisons notre nez pour évaluer ce qui est consommable et ce qui ne l'est pas.

Cette première épreuve a permis de souder l'équipe dans l'action, sans délai. Nous avons une excellente équipe. L'esprit qui règne est vraiment agréable, et tout le monde met la main à la pâte sans rechigner. Nous avons accepté d'être aux premières loges pour décrire l'urgence d'agir en matière de changements climatiques. Sans le vouloir, nous sommes aussi les premières victimes de ce climat en bouleversement. Ce n'était pourtant pas dans le scénario…

Il n'y a pas si longtemps, on parlait du climat aride de l'Antarctique, de ses faibles précipitations. Aujourd'hui, l'augmentation des températures est venue complètement perturber l'équilibre climatique de ce secteur de la planète. Ici, le mercure a grimpé de 6 °C en hiver au cours des dernières décennies. C'est énorme ! Depuis une semaine, les glaciers crachent à la mer des tonnes d'eau, ils se fissurent et nous sommes témoins de leur recul spectaculaire.

Dans le confort de nos villes, souvent, on oublie. Au cœur de la nature, on expérimente tous les jours l'effet de ces changements qui n'ont plus rien de naturel.

Le pont

Nous avons eu de la neige, finalement ! Du coup, tout prend forme. Les montagnes, la mer, même le voilier revêt son grand manteau blanc. Il faut maintenant espérer que le mercure demeurera sous la barre du zéro, que le climat se rapprochera d'une certaine normalité. Nous avons commencé la fabrication du pont suspendu qui reliera *Sedna* à la berge. Tout un chantier ! Plus de 25 mètres de câbles d'acier et 240 traverses en bois qu'il faut fixer une à une à l'aide de 12 nœuds. Faites le calcul : 2 880 nœuds, patiemment noués à la main. Et aujourd'hui, il neige…

Cette nuit, de gros flocons tombent du ciel. La solitude s'installe, et une pointe de mélancolie semble vouloir naître à l'horizon. Curieusement, ce sont les nouveaux qui semblent les plus affectés. Ils devront apprendre à se ménager, car l'hiver sera long. Les anciens ont peut-être simplement trouvé une façon d'enfouir leur nostalgie. Langueur camouflée dans les entrailles de la nuit, tu caches les visages laissés derrière. Aujourd'hui, la neige est venue recouvrir nos âmes. Cette nuit, nous entrons dans l'hivernage avec une certaine satisfaction personnelle, profonde, une certaine sérénité. La neige purifie le paysage, limitant notre vision. Inutile de chercher à voir plus loin. La vie, dorénavant, se vit au jour le jour…

Le pont suspendu permet aux membres d'équipage de rejoindre et d'explorer l'île Gamma. la prudence est toutefois de mise, puisque de nombreuses crevasses dissimulées représentent un risque réel lors de nos sorties à terre.

Le déluge

Les petits rorquals, ou baleines de Minke, continuent d'arpenter les eaux avoisinantes, et les manchots papous n'ont toujours pas quitté le secteur. La glace tarde à s'installer dans la baie, modifiant les routes migratoires millénaires de plusieurs espèces.

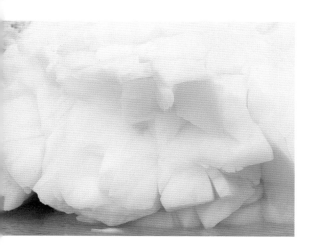

Nous avons bien réfléchi. Nous rebaptisons *Sedna*. Dorénavant, il faudra nous appeler « l'Arche de Noé ». Non mais, il faudra bien que quelqu'un sauve tous ces animaux de la noyade… Nous sommes en avril et le déluge se poursuit. Après trois semaines d'averses, nous pensions bien que c'était terminé, que l'hiver allait s'installer et que toute cette eau allait se blanchir en neige pure, comme avant le grand bouleversement climatique. Mais notre sentiment d'espoir s'est rapidement dissipé. Pourtant, nous ne sommes qu'à un petit degré de cette blancheur tant espérée. Le mercure se maintient juste au-dessus de la barre du zéro, juste assez pour redessiner tout l'environnement autour de ce secteur. Un seul petit degré et tout se transforme. Rien pour sentir la différence lorsque nous sortons, rien pour modifier nos habitudes de vie… Un seul petit degré métamorphose la neige en eau, la glace en rivière qui coule allègrement vers l'océan qui se gonfle. Tous les cycles sont dorénavant perturbés par ce simple petit degré. Et cela ne fait que débuter…

Les otaries à fourrure, les phoques de Weddell et les manchots papous ne semblent pas vouloir partir pour l'hiver. Pourquoi partir ? Le territoire regorge de nourriture, il n'y a toujours pas de glace, à part les icebergs qui continuent de se détacher des glaciers en retrait, et il ne fait pas froid. Le grand continent de glace s'est véritablement redéfini au cours des dernières décennies, et la péninsule antarctique n'est plus du tout ce qu'elle était.

Quotidiennement, nous devons affronter cette pluie dans l'organisation de notre travail. Ces conditions représentent un enfer pour nos équipements de haute technologie. Pour ménager nos caméras, nous préférons nous abstenir de filmer quand la pluie et le vent se mettent de la partie avec tant d'acharnement. Heureusement, les occasions ne manqueront pas au cours des prochains mois. Mais nous aimons la lumière rasante, les ombres qui se détachent et s'étirent sur l'horizon. Nous raffolons des douces nuances de carmin qui teintent le ciel et la glace d'une lumière de début du monde. La lumière nourrit les photographes et les cinéastes, c'est notre remède contre l'isolement. Nous avons tous choisi d'être ici pour pouvoir exploiter cette lumière exceptionnelle. Quand le soleil brille, les journées sont trop courtes. Mais, depuis quelques semaines, quand la pluie nous traverse le corps et que le matin n'annonce que du gris, nous regardons nos photos et attendons des jours meilleurs.

Avec la diminution importante de la photopériode, nous entamons nos expériences de luminothérapie.

LE DERNIER CONTINENT

Étude sur l'adaptation aux situations extrêmes

Nous participerons à une étude qui évaluera l'impact psychologique de ce que nous allons vivre au cours des prochains mois. Cette étude portera plus particulièrement sur l'analyse des mécanismes qui permettent à une personne de mieux s'adapter en cas de situation difficile.

Depuis plusieurs années, le Dr Peter Suedfeld et son équipe de l'Université de la Colombie-Britannique (Canada) tentent de comprendre les différents mécanismes grâce auxquels les gens s'adaptent et ce, dans des environnements extrêmes. Ce scientifique a longtemps été responsable du Programme canadien de recherche sur l'Antarctique. Il travaille en étroite collaboration avec l'Agence spatiale canadienne et la NASA. Il est aussi l'un des premiers chercheurs à s'intéresser sérieusement aux aspects positifs de l'hivernage. À l'heure actuelle, il n'existe qu'une seule étude publiée rapportant des faits puisés dans les journaux de bord d'un équipage (Stuster, Bechaler et Suedfeld, 2000). L'occasion d'obtenir de tels écrits comptant des récits consignés régulièrement, soutenus par des mesures d'auto-évaluation de personnes exposées à des conditions similaires à celles de *Sedna*, est sans précédent. Ce modèle d'étude n'est d'ailleurs pas susceptible de se reproduire sous peu, compte tenu des contraintes humaines et financières qu'un tel type d'investigation exige.

Bien que la recherche porte sur les aspects positifs, il existe évidemment plusieurs effets négatifs possibles à l'hivernage. Environ 15 % des personnes ayant hiverné dans des conditions extrêmes manifestent des signes de ce que l'on appelle le *winter syndrome* ou syndrome d'hivernage. Nous risquons

donc de ressentir les symptômes suivants : fatigue, déprime, manque de sommeil, irritabilité, perte de concentration, prise ou perte de poids, changements hormonaux (surtout la glande thyroïde), le tout pouvant même aller jusqu'au désordre affectif saisonnier, un état dépressif induit par le manque de lumière. Faire de l'exercice, bien se nourrir, s'occuper, pratiquer la méditation ou la relaxation, maintenir une bonne communication avec les autres, s'engager dans des projets individuels et de groupe, s'exprimer par l'écriture ou une autre activité artistique, consacrer son énergie à une petite folie personnelle, voilà des exemples de stratégies pouvant nous aider à contrer les conséquences négatives de l'hivernage. Les lampes de luminothérapie sont un bon exemple des différents outils que nous aurons à notre disposition dans le but de faciliter notre adaptation à ces phénomènes.

Les membres de l'équipage sont bien conscients du défi majeur qui se dessine à l'horizon. Dans le cadre de cette recherche, nous aurons à écrire un journal personnel et à répondre à plus d'une dizaine de questionnaires de façon hebdomadaire ou mensuelle, durant toute la mission. Les résultats de cette étude serviront, entre autres à la NASA, afin de mieux sélectionner et préparer les membres d'équipage des futures stations orbitales, puisque les conditions seront en partie similaires à l'expérience vécue à bord de *Sedna IV*.

Avec l'installation progressive
de l'hiver, le soleil monte de moins
en moins haut au-dessus
de l'horizon. Nous perdons jusqu'à
sept minutes de clarté par jour...

Pour pallier l'immobilité
des troupes, des vélos stationnaires
ont été installés sur le pont
de *Sedna*.

Les conditions de promiscuité
durant un hivernage favorisent
les rapprochements entre
les membres d'équipage,
mais elles peuvent aussi
engendrer des conflits.

Le voisin d'en face

Ce soir, la neige qui, en d'immenses flocons, a partiellement recouvert la rive s'est rapidement transformée en pluie. Pendant près d'une heure, on aurait dit l'hiver. Des floches de près de deux centimètres de diamètre tombaient du ciel. Que ce territoire peut être beau quand il retrouve une certaine normalité ! Mais cette normalité n'est plus qu'exception dans le secteur depuis que le climat s'est réchauffé. La hausse de température transforme le territoire et ses habitants. Les animaux retardent désormais leur migration vers le nord, sans doute influencés par la clémence du climat. À moins d'un changement rapide des températures, il n'y aura pas de banquise avant des semaines. La glace qui, normalement, recouvre la mer à l'automne, sonne le signal de départ pour les animaux migrateurs. Cette année, encore, rien ne va plus. La glace de mer tarde à s'installer et les animaux ne sont pas pressés de partir. Non pas que nous n'appréciions pas leur présence ici. Mais le retard observé dans le départ de nos nouveaux voisins témoigne du bouleversement climatique qui s'opère ici.

Les otaries à fourrure – qui ne devraient pas être à ces latitudes – s'amusent à sauter par-dessus nos amarres, pendant que les phoques de Weddell et les phoques crabiers se prélassent sur les collines de la baie. Ces derniers demeureront pour l'hiver. Ils attendent la banquise pour mettre bas. Les manchots papous continuent de nous rendre visite. Ceux-ci auraient déjà dû quitter vers le nord. Tous ces animaux habitent juste à proximité, sur la rive gauche. Mais, de l'autre côté de la baie, il y a le voisin d'en face, le phoque léopard, le plus redoutable prédateur de l'Antarctique, qui vient faire sa petite tournée d'inspection quotidienne autour de *Sedna*. Il quitte normalement le secteur en hiver, suivant la migration de ces proies vers le nord. Si sa nourriture tarde à déguerpir, il retardera aussi sa migration.

Hier, un groupe de manchots papous, filant à vive allure, a eu le malheur de s'aventurer sur le territoire de notre voisin d'en face. La rapidité et l'aisance des manchots en mer n'ont pas suffi, et l'un d'eux est tombé au combat, tué à la volée par les mâchoires puissantes du phoque léopard. La capture fut rapide, précise et spectaculaire. Sans crainte devant nous, le phoque léopard a déchiqueté sa proie en la projetant dans les airs à maintes reprises. Conscient de notre présence, il n'a jamais bronché, se contentant de nous lancer quelques regards méfiants. Ne t'en fais pas, la méfiance est un sentiment que nous partageons. Pourvu que le territoire retrouve une certaine normalité rapidement et qu'il incite notre voisin d'en face à déménager pour l'hiver…

Deux manchots papous profitent de la présence de bourguignons (morceaux de glace d'eau douce) pour s'offrir une petite pause entre deux repas. Ils devront être prudents, car le voisin d'en face, le redoutable phoque léopard, n'est jamais très loin…

Nos animaux
de compagnie

La nuit dernière, les vents ont soufflé, dépassant même les 100 km/h. La nuit fut longue. Le sommeil, court et angoissé. Au milieu de la nuit, les membres de l'équipe se croisaient à la timonerie. Tout le monde y allait de ses observations, les yeux rivés sur les amarres qui supportaient les assauts du vent. Peu d'entre nous ont réussi à fermer l'œil. Quand la tempête fait rage et que nous savons le voilier tout près de la côte, il est difficile de dormir profondément. Chaque craquement, chaque petit bruit bizarre nous interpelle. L'oreille devient la porte d'entrée qui contrôle les sens. L'adrénaline n'attend que le son insolite pour entamer sa décharge dans l'organisme. Le corps est tendu, aux aguets, prêt à réagir au moindre événement irrégulier. Si l'une des amarres cède sous le vent, comment se comporteront les autres ?

L'anémomètre a poursuivi sa montée, frôlant les 50 nœuds de vent. Mais, malgré les bourrasques soutenues qui ont sifflé entre les interstices des portes de la timonerie et le bruit des vagues venant s'échouer contre la coque, nos amarres ont tenu le coup. Nous sommes rassurés. Au matin, la tempête s'est calmée, et nous avons eu droit à une belle journée. La houle continue de nous faire danser entre les rives de la petite baie, mais le pire est passé. De l'autre côté du détroit, des vagues immenses viennent s'échouer avec fracas contre les îles. La mer s'exprime avec une puissance telle que même les otaries à fourrure n'ont pas osé quitter leurs rochers de la journée. Nous mettons maintenant la dernière touche aux préparatifs de l'hiver. Les voiles ont été descendues, et nous commencerons bientôt l'isolation des portes et des fenêtres.

Nous avons un nouveau visiteur : un chionis blanc. À première vue, on dirait un pigeon. Quel oiseau étrange… On le classe parmi les oiseaux de rivage, mais même les taxonomistes ne savent pas trop où le situer dans l'arbre des espèces. Certains l'associent davantage aux labbes ou aux goélands. Ces chionis sont spécialisés dans le vol de nourriture, et c'est pourquoi nous les retrouvons régulièrement près des colonies de manchots. Quand les parents rapportent la précieuse nourriture aux jeunes, les chionis savent se faufiler pour dérober une partie du butin. Ils peuvent être charognards, se transformer en prédateurs pour voler des œufs ou même des oisillons. Ils se régalent aussi des excréments d'autres oiseaux ou des phoques. Ils aiment traîner près des stations de recherche dans l'espoir d'y trouver des restes de table. Bref, un oiseau charmant, qui n'a aucune crainte envers l'homme et qui s'amuse à picorer à peu près tout ce qu'il peut se mettre sous le bec.

Une demi-douzaine de manchots papous nous rendent régulièrement visite le soir, avant la tombée de la nuit. Il y a aussi un manchot à jugulaire, seul de son espèce, perdu au milieu des papous. Nous avons une bonne douzaine d'otaries à fourrure, des goélands dominicains, des océanites de Wilson, des labbes, des fulmars, des sternes, des cormorans impériaux et même des pétrels géants. Chez les mammifères marins, nous retrouvons encore des phoques de Weddell, des phoques crabiers, des phoques léopards et des baleines à bosse qui arpentent toujours le secteur. Nous n'avons pas vu de manchots d'Adélie, mais nous savons qu'ils ne sont pas loin. Nous attendons toujours la visite impromptue d'un manchot empereur, mais ce sera peut-être plus tard, quand la neige et le froid auront repris possession de leur territoire.

Depuis quelques années, les hivers tardent de plus en plus à s'installer, et la diminution du couvert de glace a sans doute modifié les calendriers de migration des différentes espèces d'oiseaux et de mammifères marins. Les temps changent…

Si la banquise tarde à s'installer, le goéland dominicain (*Larus dominicanus*) sera sans doute l'un de nos rares compagnons pendant l'hivernage. L'absence de glace lui permet de trouver sa nourriture plus facilement.

Le chionis blanc (*Chionis albus*) est un oiseau vidangeur, toujours à l'affût d'un bon repas. Il se nourrit principalement d'excréments et de carcasses.

À gauche : Les phoques crabiers (*Lobodon carcinophaga*) savent où trouver le krill : près de la glace ! Le petit crustacé, qui est à la base de la chaîne alimentaire en Antarctique, se concentre souvent sous la glace où il se nourrit d'algues qui y poussent.

Ci-contre : Les nouvelles plates-formes de glace, récemment détachées du glacier, servent de refuge aux nombreux phoques crabiers.

La diminution du couvert de glace a sans doute modifié les calendriers de migration des différentes espèces d'oiseaux et de mammifères marins.

La reine des océans

À l'automne, les baleines fréquentent les eaux riches de l'Antarctique pour profiter de l'explosion démographique du krill, ces petits crustacés planctoniques qui abondent ici. J'ai étudié les baleines pendant plusieurs années. Je les connais comme un musicien classique connaît les grands répertoires. Ce n'est qu'une question de passion, de temps alloué à les connaître, d'années d'efforts à les étudier. Mais toutes ces connaissances accumulées au fil des ans ne prennent véritablement leur sens qu'au contact magique avec l'une d'elles, sans cesse renouvelé. Comment dire ? Comment traduire l'émotion d'une rencontre quand nos regards se croisent, quand l'observateur devient l'observé, quand l'homme et la bête partagent le même petit coin d'océan ?

Depuis quelques jours, les baleines nous visitent. Elles passent devant la petite baie de Melchior, et nous établissons le contact aussitôt que la mer nous permet de lancer nos pneumatiques à leur suite. Aujourd'hui, personne n'aurait voulu être ailleurs. Pour ma part, je dirai simplement que cette journée restera à tout jamais gravée dans ma mémoire, que l'expérience vécue vaut tous les sacrifices, toutes les absences. Ce matin, une baleine à bosse a décidé de changer un peu notre vie. Comment ne pas changer sa vision des choses quand un animal de 45 tonnes décide de jouer avec nous pendant près de cinq heures ? Quand l'œil de la baleine se pose sur nous, nous nous sentons tout petits, minuscules devant la vie.

Au petit matin, nous savions que quelque chose d'unique allait se passer. Le soleil en éveil a tout de suite jeté une touche de rosée sur les montagnes et, déjà, nous avions le sentiment d'être au paradis. Il fallait voir cette chaude lumière s'exprimer sur les blancs sommets, sur l'horizon qui semblait renaître comme au premier jour. Nous avons préparé les caméras. Pareil début de journée ne peut qu'annoncer du bien. Un sentiment indescriptible, comme si tous les jours de mauvais temps accumulés avaient contracté une dette envers nous. Aujourd'hui, c'était jour de remboursement…

J'ai dirigé *Musculus*, notre pneumatique, vers le sud. J'aurais pu choisir le nord, comme je le fais d'habitude. Mais j'ai préféré le sud, probablement guidé par l'instinct. Nous n'avions pas parcouru un kilomètre qu'elle soufflait déjà. Nous avons approché la baleine, en douceur, puis nous avons laissé le temps agir. Après quelques minutes, j'ai éteint le moteur. Je ne l'ai plus redémarré de la journée. La baleine s'est occupée du reste.

Elle a tourné autour de nous, frôlé nos embarcations à chaque nouvelle sortie, joué avec Mario, notre caméraman sous-marin. On aurait dit un jour de retrouvailles entre notre plongeur et la baleine. Rien, non rien, ne pourra faire ressentir l'instant, les heures de pur bonheur, le sentiment de symbiose entre deux espèces qui s'observent, se respectent et, surtout, s'amusent ensemble. Nous recherchons tous le bonheur sans trop savoir ce que nous cherchons. Aujourd'hui, nous avons touché à quelque chose de magique, d'indescriptible. À vivre pareilles émotions, on en vient à se demander pourquoi l'homme s'éloigne toujours davantage de cette nature généreuse, grandiose, réparatrice.

Rien, non rien, ne pourra faire ressentir l'instant, les heures de pur bonheur, le sentiment de symbiose entre deux espèces qui s'observent, se respectent et, surtout, s'amusent ensemble.

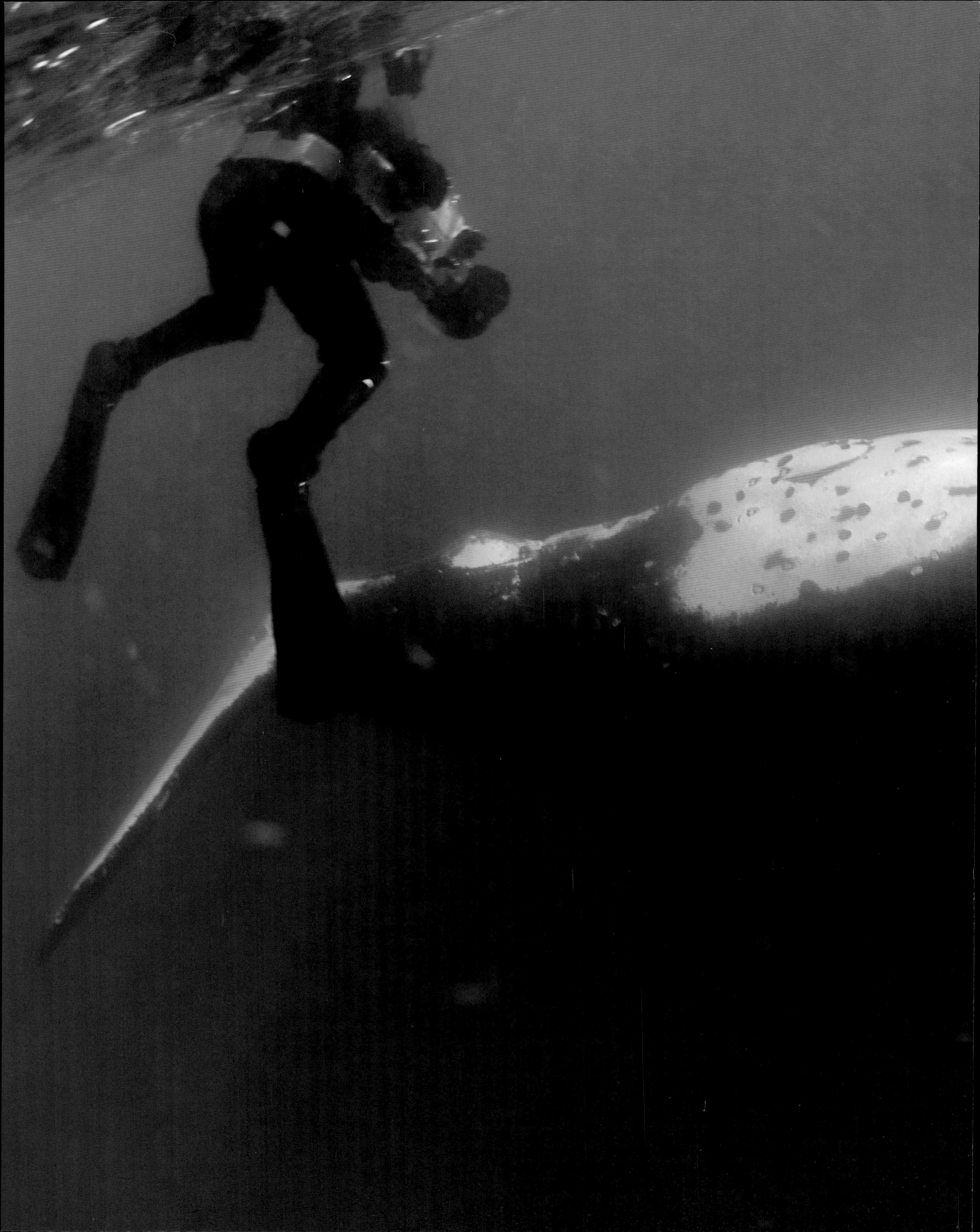

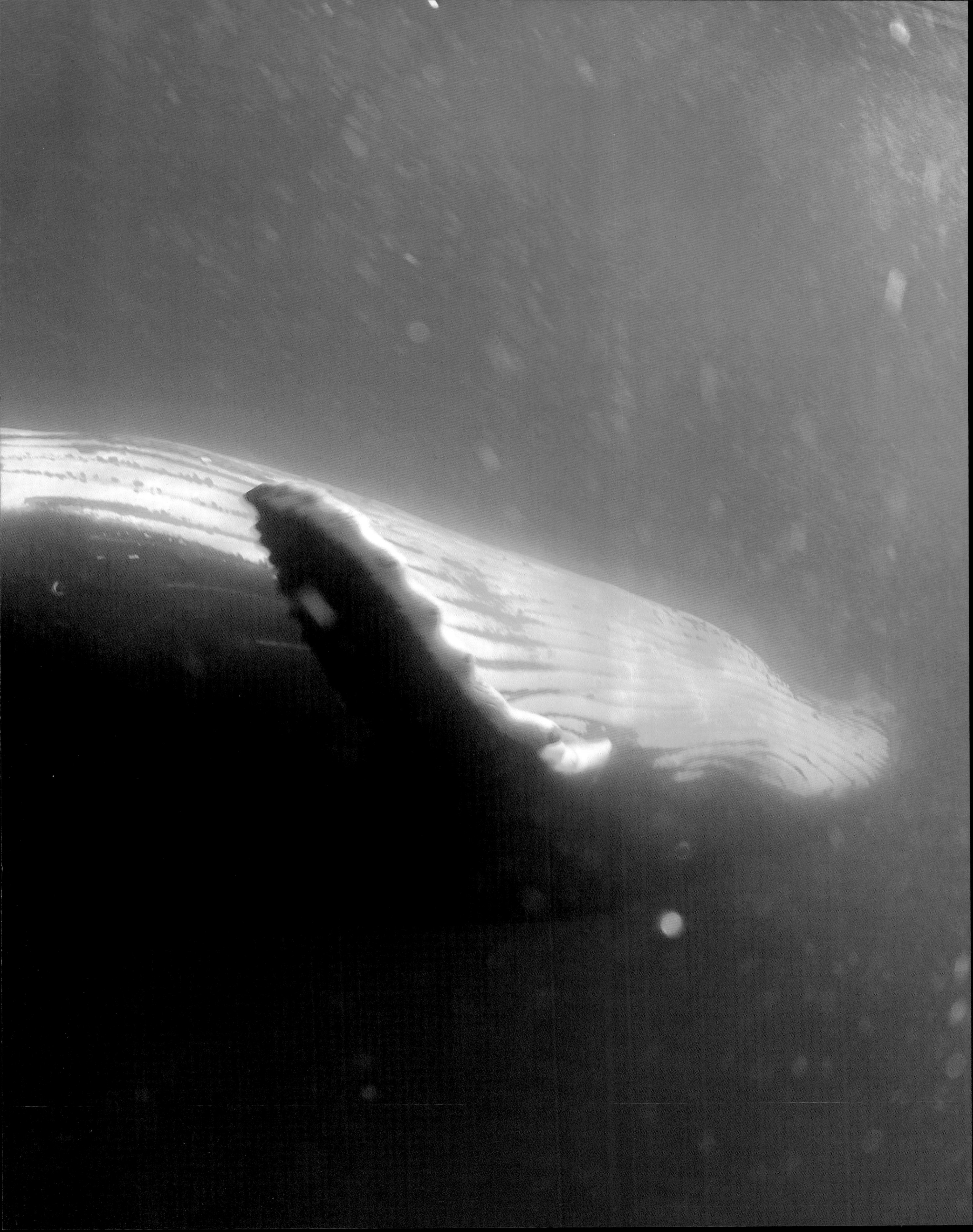

Mais où est
donc cette glace
qui devait
recouvrir
notre petite baie
isolée et freiner
ces vagues
en échouage ?

Le doute

Ici, souvent, le meilleur côtoie le pire. Il y a quelques jours, nous avons vécu l'une des plus belles journées de notre aventure, avec une baleine curieuse, joueuse. Pour plusieurs d'entre nous, ces moments seront sans doute parmi les plus marquants de notre vie… Le lendemain, les cartes de prévisions météorologiques que nous téléchargeons par satellite annonçaient la pire dépression barométrique qu'il m'ait été donné de voir depuis notre départ : 946,7 millibars. C'est très très bas… Surtout quand, la veille, nous frôlions les 1000 millibars. On nous annonçait des vents de plus de 100 km/h. Encore une fois, les météorologues ne se sont pas trompés. Nous y avons goûté.

Le bilan de ces deux jours de tempête est assez révélateur de ce qui nous attend ici. En toute franchise, peut-être avons-nous sous-estimé la force des éléments en place. Que les vents soufflent en rafales à 54 nœuds (101 km/h), c'est une chose. Mais quand ils se maintiennent ainsi au-dessus de la barre des 50 nœuds pendant des heures, nous commençons à douter de nos installations. Et jamais nous n'avons eu le sentiment que la tempête avait atteint son réel potentiel. Après cette expérience, nous avons tous tiré les mêmes conclusions : tout cela n'est rien, ce n'est qu'une tempête banale et nous devons envisager bien pire scénario. De l'avis de plusieurs, il ne serait pas surprenant d'atteindre des vents beaucoup plus violents. 150, 175, 200 km/h ? Nul ne peut le prédire, mais le doute s'est franchement installé dans nos têtes.

La dernière tempête a cassé six de nos tiges d'acier trempé de près de 20 millimètres de diamètre, insérées à plus d'un mètre dans le roc. Elle a brisé un de nos câbles d'acier comme une simple ficelle. *Sedna* valsait sur les vagues incessantes qui pénétraient dans la baie. Mais où est donc cette glace qui devait recouvrir notre petite baie isolée et freiner ces vagues en échouage ? Ici, nous devions être protégés, à l'abri. Mais tout est relatif. Au large, le vent devait souffler à plus de 150 km/h, montant la vague en énormes rouleaux. Du fond de notre baie, nous pouvions entendre la mer, grondante, menaçante, hurlante. Nous comprenons un peu mieux pourquoi personne ne passe l'hiver ici…

Nous avons tout réinstallé, tout réparé. Nous avons doublé notre système d'amarrage pour assurer notre sécurité. Mais est-ce suffisant ? Nous ne pourrons pas vivre pareille expérience sur une base régulière. Nous commençons à manquer sérieusement de matériaux pour retenir le navire à la rive. Si les tempêtes se succèdent ainsi, nous devrons peut-être revoir nos plans. Le site de Melchior est formidable à bien des points de vue. Il est très bien protégé en raison de la petitesse de sa baie. Mais l'avantage peut vite devenir un inconvénient si nos installations cèdent sous la force du vent. Si seulement la glace pouvait s'installer, selon les plans et selon une certaine normalité.

Les vents dépassent régulièrement les 100 km/h, et la forte houle qui pénètre dans la baie fait dangereusement danser notre voilier de 650 tonnes entre les récifs.

Les tempêtes surgissent souvent sans prévenir, balayant tout sur leur passage. Il faut tout réparer, tout réinstaller. Si les vents continuent de menacer notre refuge, nous devrons peut-être revoir nos plans.

La force des éléments

Nous avons effectué une plongée aujourd'hui pour vérifier les ancres. Nous avions le sentiment que le bateau avait bougé de sa position initiale d'ancrage. Nous possédons deux ancres de 1 000 kilos chacune, reliées à deux chaînes d'acier qui totalisent 280 mètres en longueur, pour un poids total de près de 5 000 kilos. Il a venté, la mer était déchaînée, mais quand même... Pourtant, durant les tempêtes, nous n'avons cessé de réajuster les amarres qui nous attachent à la rive. Il fallait plonger pour vérifier les faits.

Mario et Serge ont pu constater que nos ancres s'étaient effectivement déplacées d'environ six mètres. Voilà qui donne une idée de la puissance des éléments. Les roches sur lesquelles nos chaînes reposent sont complètement polies par le va-et-vient incessant. À n'en pas douter, les tempêtes affectent aussi les fonds marins. Il faudra attendre encore avant que notre petite baie se transforme en terrasse glacée. L'eau de surface est au-dessus du point de congélation qui se situe, ici, à -1,9 °C en raison de sa concentration en sel.

Chaque plongée permet à notre équipe de rapporter des images saisissantes. Il faut souvent descendre à plus de 30 mètres pour réellement apprécier toute la diversité benthique. À pareille profondeur, nos caméramans doivent limiter leur randonnée sous la mer à une durée maximale de vingt minutes. Nous ne possédons pas de chambre de décompression à bord de *Sedna*, et la prudence est de mise.

Un poisson antarctique monte la garde à proximité de nos ancres. Surnommé le *dragon fish*, il

possède un métabolisme beaucoup plus lent que celui d'autres espèces vivant dans des eaux chaudes ou tempérées. Pour survivre dans des milieux aquatiques aussi froids que ceux de l'Antarctique, certaines espèces de poissons ont développé des mécanismes biochimiques qui protègent leurs cellules contre la cryogénisation. Leur organisme produit des protéines de type « antigel » qui permettent de tolérer des températures sous le point de congélation. Sans ces protéines de protection, les cellules éclateraient sous l'effet de la cristallisation, et les dommages seraient fatals.

Un des objectifs de notre hivernage est de suivre l'évolution de la vie marine en fonction des saisons. Nous aurons la chance d'effectuer des plongées en hiver, quand la productivité primaire sera à son minimum. Durant cette longue période de froid, les conditions de visibilité seront maximales, nous permettant alors d'apprécier toute la vie marine, rarement dévoilée en pareilles conditions. Certaines espèces de poissons antarctiques réussissent à ralentir leur métabolisme durant les mois d'hiver. Ils sont lents, comme en semi-hibernation. Un exemple à suivre pour nous, humains de passage ?

> Un des objectifs de notre hivernage est de suivre l'évolution de la vie marine en fonction des saisons.

90 % des espèces de poissons de l'Antarctique ne se trouvent nulle part ailleurs sur la planète. Spécialisés pour la vie dans les eaux froides de l'océan Austral ils sont vulnérables aux changements de leur environnement.

Le gardien de nos ancres, le *dragon fish*, peut éviter la cryogénisation de ses cellules grâce à des mécanismes biochimiques, même quand l'eau descend sous la barre du 0 ˚C. Ici, en raison de sa concentration en sel, l'eau de mer gèle à - 1,9 ˚C.

La marche des glaciers

Cette nuit, la lune est pleine et les étoiles brillent dans un ciel sans nuages. Le mercure descend rapidement et les vents sont encore endormis. Quelle journée ! Quand la météo est clémente, l'archipel de Melchior est un véritable paradis. Nous en avons profité pour visiter les différents glaciers des îles environnantes afin de voir et d'évaluer leur évolution. Hier, nous avons visité un glacier sur l'île d'Anvers et un autre sur l'île Brabant. Aujourd'hui, nous avons effectué le même circuit, à seulement vingt-quatre heures d'intervalle. Les changements sont incroyables. En une seule journée, nous avons eu de la difficulté à reconnaître le glacier de l'île Brabant. Des murs complets de glace se sont écroulés, transformant la façade du glacier de façon significative. Nous en étions à notre troisième visite depuis notre arrivée à Melchior. À chaque virée, nous filmons des pans entiers de glace qui s'effondrent avec fracas. Nos constatations ne sont que visuelles, et nous ne calculons pas les volumes de glace rejetés à la mer. Mais nous n'avons pas besoin d'instruments très sophistiqués pour constater l'ampleur du phénomène. Les glaciers de cette région reculent à une vitesse étonnante, et les preuves sont éloquentes.

Nous sommes des témoins privilégiés pour rapporter l'état des lieux. Je ne saurais dire à quel point l'environnement de la péninsule antarctique est bouleversé par les effets des changements climatiques. À chaque nouvelle sortie d'exploration, nous constatons l'étendue des changements en cours. À chaque nouveau lieu visité, nous accumulons les preuves que les choses ne vont pas bien. L'Antarctique est un avant-poste, une sentinelle qui crie haut et fort que le climat de la planète est en pleine transformation. Mais saurons-nous entendre l'appel du Grand Sud ?

Les glaciologues qui étudient le phénomène du recul des glaciers en Antarctique ont confirmé que les volumes d'eau rejetés à la mer avaient presque doublé au cours de la dernière décennie. Ici, la planète s'est réchauffée cinq fois plus rapidement qu'ailleurs. La mer voit sa température monter en flèche, avec une augmentation de 1 °C au cours de la même période. La température de l'air s'élève aussi, les glaciers reculent à la vitesse grand V, le trou dans la couche d'ozone continue d'affecter le continent de glace, et la banquise d'hiver fond comme peau de chagrin. L'augmentation des températures moyennes pour le mois de juin – le premier mois de l'hiver selon le calendrier des saisons –

a atteint 6 °C au cours des cinquante dernières années. Ce réchauffement retarde l'installation de la banquise. Les automnes sont de plus en plus tardifs, et les printemps de plus en plus hâtifs. Il ne reste que bien peu de temps à l'hiver pour s'exprimer, pour englacer le territoire. Sans banquise, l'eau de mer s'évapore davantage, créant une augmentation des précipitations. Ce phénomène nouveau modifie de façon significative l'écosystème de la région. L'Antarctique est constitué à 90 % de glace. Au rythme actuel, le secteur de la péninsule contribuera de façon importante au phénomène d'élévation du niveau des océans.

Le climat sec et aride de l'Antarctique n'est plus, remplacé par un taux d'humidité jamais enregistré auparavant. Il ressemble désormais à un climat de type « maritime tempéré ». Bref, ici, rien ne va plus. Nous avons décidé de tout miser, d'aller jusqu'à la limite pour devenir de simples témoins des changements en cours. Nous le faisons pour que la simple beauté du monde puisse être partagée comme une valeur collective, prêtée par la vie à ceux et celles qui auront pour tâche de poursuivre le grand défi de l'humanité.

Il y a des jours où la simple beauté des lieux me permet de toucher au bonheur. Il y en a d'autres où la constatation de tous ces bouleversements m'attriste profondément. Peut-être que tout cela n'a pas de sens, que l'on ne peut réellement éprouver du chagrin simplement à voir des glaciers reculer à une si grande vitesse. Mais il faut être là pour constater... Ici, depuis des millénaires, tout était stable, inchangé, en équilibre. En quelques générations à peine, nous avons réussi à transformer la vie, partout, et pour toujours. En deux jours à peine, nous avons vu les effets concrets sur notre petit coin de terre, isolé, perdu, à la limite de la vie. Imaginons maintenant ce que nous ne voyons pas...

Toutes ces évidences sur les effets des changements climatiques autour de la péninsule antarctique ne sont pas le résultat de nos propres recherches. Elles constituent une synthèse vulgarisée des travaux de recherche d'éminents scientifiques internationaux que nous avons tous rencontrés, ici, en plein travail. La plupart des résultats présentés ici viennent d'être publiés dans des revues scientifiques reconnues, qui ne font que confirmer une tendance observée depuis déjà quelques décennies : la péninsule antarctique se réchauffe à un rythme alarmant. Ne serait-il pas temps d'entendre l'appel du Grand Sud ?

Les crevasses révèlent des teintes d'un bleu acier, preuve d'une grande compression de la glace au fil du temps.

L'Antarctique est une sentinelle qui crie haut et fort que le climat de la planète est en pleine transformation. Saurons-nous entendre l'appel du Grand Sud ?

Menaces sur la biodiversité

Pour la première fois depuis que le monde est monde, l'humanité est responsable du déséquilibre entre les espèces. Rien ne va plus et rien de tout cela n'est naturel. On ne meurt pas sans raison…

L'explosion démographique des manchots papous autour de la péninsule antarctique n'annonce rien de bon pour les autres espèces indigènes. Le cormoran impérial, pourtant à la limite de son aire de distribution, n'est pas menacé par la glace et semble avoir décidé d'hiverner.

Les icebergs défilent devant nous, traînant à leur suite les derniers représentants de la faune du coin. Les phoques crabiers profitent de la présence des cathédrales de glace pour se nourrir du krill qui s'y rassemble. Les goélands dominicains et les sternes profitent aussi de la présence des icebergs pour se nourrir. Perchés sur les monticules en mouvement, ils observent et attendent l'occasion pour se nourrir. Nous sommes en hiver, du moins en principe. Dans nos randonnées d'exploration en bateau pneumatique, nous voyons de moins en moins d'espèces animales. Mais nous avons nos habitués, nos résidents. Les cormorans impériaux passeront sans doute l'hiver avec nous. Le phoque léopard est toujours là et il continue de nous rendre visite. Il reste quelques otaries à fourrure, et nous avons encore quelques manchots papous qui, après une journée de pêche au krill, reviennent régulièrement nous voir.

La présence des manchots papous, comme celle des otaries, cache une réalité environnementale criante et inquiétante. La zone de distribution de ces espèces se situe normalement plus au nord. Elles sont typiques des îles subantarctiques. Leur présence ici et leur croissance exponentielle au cours des dernières décennies ne sont vraiment pas bon signe. Avec le réchauffement, les espèces du Nord migrent au Sud. Elles retrouvent maintenant, autour de la péninsule antarctique, des conditions de vie qui ressemblent de plus en plus à celles de leurs îles d'origine. La diminution du couvert de glace constitue un des principaux facteurs qui expliquent leur établissement dans le secteur. Il y a une trentaine d'années, on ne voyait tout simplement pas d'otaries à fourrure autour de la péninsule. Elles n'étaient qu'exceptions. Aujourd'hui, elles pullulent dans certaines zones, modifiant la stabilité millénaire de ce milieu. L'exemple est aussi vrai pour les éléphants de mer, une autre espèce qui ne fréquente normalement pas les sites où la glace est importante.

Au final, ce sont les espèces « locales » qui paient le prix de tous ces changements environnementaux. Les colonies de manchots d'Adélie disparaissent les unes après les autres dans ce secteur de la péninsule, et personne ne peut encore prédire avec précision ce qu'il adviendra du krill, LA nourriture qui rend possible toute la vie en Antarctique. Si les températures ne descendent pas rapidement et que le couvert de glace tarde à s'installer autour de la péninsule, il ne serait pas surprenant de voir certains manchots papous demeurer dans les parages cet hiver. Certes, ils nous tiendront compagnie. Mais, derrière leur charme évident, leur présence ici dissimule peut-être une problématique environnementale qui fait aussi beaucoup d'autres victimes.

Certains diront qu'il s'agit d'évolution, que la loi de la sélection naturelle ne fait que son travail. J'en doute… Quand les conditions environnementales changent à une vitesse jamais enregistrée auparavant sur la planète, on ne peut compter sur la nature pour faire évoluer les espèces dans des temps records. Ainsi débutent, bien souvent, les grandes disparitions d'espèces. La présente crise mondiale qui affecte la biodiversité de la planète ne peut pas être que le résultat d'un mécanisme normal et évolutif. Pas cette fois. La cohabitation avec les autres espèces est désormais en péril. Pour la première fois depuis que le monde est monde, l'humanité est responsable du déséquilibre entre les espèces. Rien ne va plus et rien de tout cela n'est naturel. On ne meurt pas sans raison…

Le krill a aussi besoin de la glace pour se développer, se reproduire et se nourrir du phytoplancton, cette plante unicellulaire microscopique vivant à la surface de l'océan. Le phytoplancton produit son énergie par la photosynthèse. Ce faisant, il absorbe du CO_2 et libère de l'oxygène. Quand ce phytoplancton est consommé par le krill – ou autre zooplancton –, tout ce carbone organique s'écoule dans les profondeurs de l'océan et demeure séquestré. C'est ce qu'on appelle un puits de carbone. On estime que l'océan Austral contient de 100 à 500 millions de tonnes de krill adulte. Chaque nuit, quand ce krill se nourrit de phytoplancton, il consomme l'équivalent des émissions de CO_2 de 35 millions de voitures pendant une année. C'est une bonne nouvelle. Mais la mauvaise nouvelle, c'est qu'au cours des trente dernières années, la population de krill a diminué de 80 % en Antarctique.

L'Antarctique et l'océan Austral influent donc directement sur la grande machine climatique planétaire en retirant des quantités considérables de CO_2 de l'atmosphère. Soudainement, l'Antarctique n'est plus si loin, si isolé de nos civilisations. Que cette planète est petite, et fragile…

Les phoques crabiers, comme beaucoup d'autres espèces, dépendent du krill. Or la diminution de ce petit crustacé, à la base de la chaîne alimentaire, risque de modifier considérablement l'équilibre millénaire entre les espèces.

Avec le réchauffement observé au cours des cinquante dernières années, plusieurs espèces du Nord migrent au Sud. Un jeune goéland dominicain patrouille aux abords d'un iceberg, à la recherche de nourriture de plus en plus rare.

Au commencement était le vent...

Premier jour

Les cartes de prévisions météorologiques que nous téléchargeons chaque soir par satellite n'annoncent rien de bon. Trois importantes dépressions, coup sur coup, viendront traverser la péninsule. La semaine risque d'être houleuse dans la petite baie de Melchior…

Mario et Serge viennent de faire le tour de toutes nos installations. Depuis la dernière tempête, nous avons tout revu, tout doublé, et chaque amarre a été révisée, tendue pour que les tensions soient réparties de façon égale. Nous sommes prêts à affronter le pire. Mais qu'est-ce que le pire ? Où fixons-nous la limite de l'affrontement ? Quand déciderons-nous d'opter pour la retraite devant la violence des éléments naturels ? Et pour aller où ? Personne n'est véritablement apte à conduire ce grand voilier. Nos capitaines sont rentrés à la maison avec le dernier brise-glace, et je ne me vois pas essayer de faire mes classes entre les récifs de la baie. Le doute, toujours…

Les prochaines heures détermineront l'orientation finale de la dépression. Si la course est maintenue, nous devrions affronter des vents de 100 km/h, puis, curieusement, on nous annonce une accalmie, comme si la dépression s'affaissait juste avant de nous frapper. Étrange phénomène météorologique… Serait-ce notre bonne étoile ? Mais si les météorologues se trompent, si le creux barométrique poursuit sa route et conserve toute sa force, les vents devraient atteindre les 120 km/h, voire plus, selon l'influence d'un autre front qui pousse sur le premier. Nous serons pris en sandwich entre deux fronts majeurs, une situation à éviter, car nul ne peut prédire avec précision l'issue d'un tel affrontement quand les forces naturelles s'unissent ainsi.

Après cette première épreuve, le répit sera de courte durée, puisque les tempêtes se succèdent aussi loin que les prévisions permettent la prédiction. Je le sens, le sommeil sera léger. L'équipe est prête. Tout le monde est calme, et nous n'avons d'autres options que l'attente et l'espoir. Souhaitons que notre bonne étoile sera au rendez-vous, comme depuis le début de cette expédition.

Deuxième jour

Ah ! notre bonne étoile… La dépression s'est finalement affaissée en pleine nuit. Le vent s'est levé jusqu'à 30 nœuds, puis il est rapidement venu à bout de souffle. Nous avons encore deux tempêtes dans le collimateur et nous continuons à suivre de près leur progression. Mais la première est maintenant chose du passé !

Ce soir, j'écris de la timonerie, et le vent siffle dans les haubans. Le voilier tangue un peu. Si je ferme les yeux un instant, j'entends presque la vague s'échouer contre la coque. Le regard mi-clos, je navigue, entouré de ces paysages sans cesse renouvelés. Un peu plus et je pourrais sentir le vent sur mon visage. L'embrun sale les interstices de la peau, et un délicieux goût de mer s'accumule sur les lèvres crevassées par un soleil de plomb. Ça sent l'iode et le frais. Tiens, qui a dit que le bonheur n'avait pas d'odeur… ?

Malheureusement, quand j'ouvre les yeux, il n'en est rien. Ce n'est que l'esprit qui divague un peu pour se remémorer la douceur de ces jours de navigation qui sont maintenant derrière nous. Les marins que nous sommes doivent maintenant s'habituer à la sédentarité, un défi pour ceux et celles qui vivent par et pour le changement. Et ce vent, toujours, qui ne cesse de gagner en intensité. La nuit sera longue, encore…

Quatrième jour

La tempête fait rage, et les vents semblent de plus en plus puissants à mesure que la nuit s'installe. Pourquoi faut-il que la tempête frappe toujours en pleine nuit ? Serait-ce Morphée qui, soumis aux symptômes de l'hivernage, passe par une période d'insomnie chronique ? Ou est-ce Neptune qui, mécontent de l'insuffisance de lumière du jour, châtie les hivernants anxieux en réunissant les conditions pour l'interminable nuit blanche ? Qu'importe, les dieux s'amusent à répéter les coups de chien, et nous ne pouvons que subir, de plein fouet, les foudres météorologiques d'une nature qui semble avoir perdu ses repères.

Au moment où je couche ces lignes, une rafale frappe le flanc du voilier. *Sedna* s'incline un peu et tarde à revenir. Il faut dire que la bourrasque avoisine les 100 km/h et qu'elle ne s'essouffle pas

Pourquoi faut-il que la tempête frappe toujours en pleine nuit ?

Nous avions prévu d'être englacés,
figés dans une banquise qui
devait protéger *Sedna* contre
les assauts du vent. Rien de cela...
les tempêtes d'automne soufflent
les derniers espoirs.

Un autre ciel matinal qui
n'annonce rien de bon pour
les jours à venir.

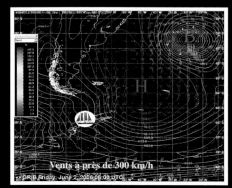

Vents à près de 300 km/h

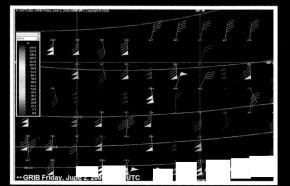

Les systèmes barométriques
s'affrontent et se bloquent
les uns contre les autres.
Ainsi, ils accélèrent, gagnent
en force et en vigueur, et les vents
se mettent à tourner, à souffler
à des vitesses complètement folles.
Les météorologues prédisent
des vents qui se rapprocheront
du cap symbolique des 160 nœuds.
On parle d'un vent de 296 km/h !

La glace est venue recouvrir une partie de notre petite baie, mais sa présence ne fut qu'éphémère. Les fronts barométriques se succèdent et transportent la chaleur du Nord, retardant l'installation normale de la banquise.

rapidement. On nous avait prédit des vents de 50 km/h pour la soirée. Nous avons eu le double. Pour le milieu de la nuit, les prévisions annoncent plus de 100 km/h. Un peu plus pour demain. On verra... Mais où est donc cette banquise qui devait limiter les mouvements de notre voilier ? Sans glace, nos plans ne tiennent plus. Il faut désormais survivre aux tempêtes et espérer.

Dans l'obscurité profonde, on ne s'entend plus penser. Il n'y en a que pour ce vent sifflotant, qui rafle à l'esprit, sans avis, tout ce qu'il lui reste de pensées furtives. Mais la nuit, par définition, doit être bâtie de secrets et d'esprits vagabonds, de pensées clandestines et fureteuses qui meurent aux premières lueurs du jour. Voilà à quoi sert la nuit : à rêver ! Mais quand le vent frappe tout, qu'il se heurte aux mâts, qu'il encercle les haubans en sifflant et qu'il incline même la maison, quelle liberté reste-t-il à l'esprit ? Car il en faut bien pour rêver.

Quand la tempête se lève et que le sommeil demeure à la porte de la nuit, nous pressentons que les prochaines heures seront encombrées par le concret, le réel, le tangible et l'existant. Comme le danger, comme la menace de l'élément naturel qui, soudain, s'affirme. Mais peut-être faut-il de ces nuits pour pleinement prendre conscience d'où nous sommes. Et peut-être faut-il aussi de ces nuits pour simplement prendre conscience de qui nous sommes.

Cinquième jour

J'aurais tant aimé parler d'autre chose. Mais 60 nœuds de vent, ça souffle un sujet ! Les bourrasques de la tempête continuent de nous affliger de leurs menaces sifflantes, s'infiltrant par tous les interstices des portes et des hublots, hurlant leur puissance aux quatre vents, triomphant sur la baie, le glacier, la mer et, surtout, sur ceux qui osent les défier.

Mariano et François sont sortis pour réparer la porte de notre refuge d'urgence, envolée comme on souffle une plume au vent. Les corps n'ont d'autre choix que de s'arc-bouter devant la main assassine d'un vent qui gifle tout sur son passage. Damien a failli être assommé par une plaque de glace, détachée d'un des mâts et projetée sur le pont de *Sedna*. Il est rentré un peu secoué.

L'Argentin habite à Mar del Plata, une station balnéaire. Il n'a pas l'habitude de la neige.

Pendant que l'équipe de santé apportait les premiers soins à la porte blessée, Mario et moi avons préparé un horaire des quarts de surveillance à la timonerie. Il faut désormais se tenir prêt, établir une vigile continuelle. S'il y a de la casse, nous serons prêts à réagir. Le moteur sera en marche et, en tout dernier recours, nous fuirons au large. Je dis bien en dernier recours. Nous n'en sommes pas là, pas encore. Nous avons fixé une limite, un seuil psychologique. Il était de 60 nœuds, mais, aujourd'hui, la direction des vents nous avantage, heureusement. Ils osent souffler à 60 nœuds dans la baie, alors que le glacier s'offre de tout son corps en résistance. Personne ne voudrait être au large aujourd'hui...

Pour le moment, le système d'ancrage à la rive tient le coup. Mario et Serge ont remplacé une des tiges d'acier ce matin, complètement tordue durant la nuit par la pression des amarres. Chacune de ces tiges est reliée à une autre, pour des raisons de sécurité. Mais la grande tour de béton et de roches qui nous soutenait sur bâbord a basculé de son socle. Elle n'est plus d'aucune utilité. Des tonnes de béton et de roches, soufflées par des vents infatigables. Cette image, plus que toute autre, confirme nos incertitudes sur notre capacité à résister. Combien de temps encore ? Que faire pour s'échapper ? Plus que jamais, je regrette le départ de notre équipe de navigation.

Les rafales, même à 112 km/h, ne semblent absolument pas au bout de leur souffle. Nous avons le sentiment profond que la véritable tempête est encore à venir, que l'épreuve ne fait que commencer... Les nouvelles cartes météorologiques n'annoncent rien de bon pour les jours à venir. Le passage d'une dépression ne donne que quelques heures de répit avant qu'une autre, arrivée de l'ouest, ne se dirige droit sur nous. Elles se succèdent ainsi, sans fin, comme une série de périls en la demeure. Corneille a dit : « À vaincre sans péril, on triomphe sans gloire. » Nous ne recherchons pas la gloire, et encore moins le triomphe. Nous savons fort bien que nous ne faisons pas le poids devant la nature, devant ses éléments qui peuvent nous souffler au vent, sans prévenir et sans mot dire.

Huitième jour : LA tempête

Communiqué de presse du 8 mai 2006

Une violente tempête dans le passage Drake, situé entre le cap Horn et la péninsule antarctique, a déchaîné la mer, menaçant la sécurité de l'équipage du voilier océanographique Sedna IV, ancré à sa base d'hivernage de Melchior (64°19,528'S 62°58,640'O). La forte houle a pénétré dans la petite baie où était retenu le voilier de 51 mètres. La baie de Melchior, choisie par l'équipage justement parce qu'elle offrait une excellente protection contre les tempêtes, ne fait que 40 mètres de large sur une centaine de mètres de long. Le Sedna était retenu au rivage par une série de cordages et de câbles d'acier, tous fixés dans le roc à l'aide de tiges d'acier trempé.

À 18 h 09, une première vague a brisé le système de retenue d'une des amarres. L'équipage a essayé de réparer mais, rapidement, d'autres vagues plus importantes sont venues réduire à néant les efforts de l'équipe. Vers 21 h 30, les six amarres situées du côté bâbord du navire ont toutes été brisées par la force des vagues, et l'équipage n'a eu d'autre choix que de mettre en application le plan d'évacuation d'urgence. Il a fallu couper rapidement les amarres de tribord et diriger le voilier entre les écueils de roche situés à l'entrée de la baie. La délicate manœuvre s'est déroulée dans le calme, et l'équipage du Sedna a pu sortir sain et sauf de la petite baie. Le chef de mission, Jean Lemire, explique :

« Il n'y avait absolument rien à faire devant la force des vagues. Il devenait vital de quitter rapidement la baie pour assurer notre sécurité. Mais sortir un voilier de 650 tonnes dans de pareilles conditions demandait beaucoup de concentration et une parfaite coordination des troupes. Tout s'est déroulé très rapidement, et l'équipage a démontré beaucoup de sang-froid. »

Le Sedna est maintenant ancré de façon sécuritaire dans une baie avoisinante. Le chef de mission a déjà confirmé que l'expédition allait se poursuivre.

« Mission Antarctique doit continuer malgré les nouvelles difficultés. Nous devons maintenant nous concentrer pour trouver un endroit sécuritaire pour l'hiver, situé à proximité de la base argentine de Melchior, où nous venions d'achever l'aménagement d'un laboratoire de recherche, en collaboration avec l'Institut des sciences de la mer de l'Université du Québec à Rimouski et de l'Institut antarctique argentin. Tout le matériel scientifique est resté derrière nous, et nous réévaluerons la situation dans les prochains jours. Chaque membre d'équipage a pu prendre contact avec sa famille pour la rassurer. Nous sommes maintenant en sécurité, et nous commencerons, dès les premières lueurs du jour, la réorganisation de l'expédition. »

Dès le bris de la première amarre, vers 21 heures, notre pont suspendu s'est mis à se tordre de douleur. Nous l'avons regardé souffrir ainsi pendant plusieurs minutes, sans avoir d'autre choix que de couper ce lien entre notre voilier et la terre.

L'un de nos plus beaux souvenirs
de Melchior emporté par
la tempête qui nous a chassés
de notre site d'hivernage.

Avec le départ de notre équipe
de navigation vers le nord,
nous ne pouvions compter que sur
le courage et l'expérience limitée
de notre équipe d'hivernage.

3

L'HIVERNAGE

Contrairement à la baie
de Melchior, notre nouveau site
d'hivernage est encerclé par
de grands murs de glace qui nous
protégeront des vents pendant
les prochains mois.

La baie Sedna

Tout le monde va bien, et le pire est maintenant derrière nous. Il faut bien sûr tout repenser, tout réorganiser, et la sécurité des troupes demeure ma priorité absolue. Certes, nous avons eu peur, nous avons douté de notre réussite quand il a fallu lancer le navire instable vers les mortels récifs de la sortie. Je n'oublierai jamais ce moment. J'ai vécu une décharge d'adrénaline telle que j'ai crié… Dans la nuit noire dans tout ce qu'elle peut avoir de plus obscur, nos gestes se perdaient. Nos seules balises se résumaient à l'écume de la mer qui s'échouait sur les rochers menaçants. Devant nous, une seule option : foncer. De cette dernière manœuvre dépendait le sort de tous les autres, ceux et celles qui, depuis des heures, combattaient sans relâche pour simplement survivre.

L'instinct avait déjà annoncé la tragédie. Quand le vent s'est mis à diminuer en après-midi, *Sedna* a entrepris sa dernière danse avec le diable. Au bout de ses ficelles, notre marionnette de maison ne pouvait lutter contre les éléments trop puissants. Vers 21 h 30, nous savions que la partie était perdue. Une seule amarre sur bâbord, ce simple filin de nylon retenait 650 tonnes d'acier. Les amarres à l'arrière et celles sur tribord étaient tendues à l'infini. Pour elles aussi, ce n'était plus qu'une question de minutes. Nous pensions avoir le temps de nous préparer. La dernière vague a surgi dans un grondement sourd. C'était la fin… Il fallait sur-le-champ couper les liens avec tout ce que nous avions bâti. À grands coups de machette, nous avons asséné de grands coups dans la vie pour nous libérer, laissant un certain passé derrière.

Mais encore fallait-il réorienter rapidement *Sedna* vers la sortie, dans la vague et, surtout, entre les récifs. Pour pouvoir manœuvrer un tel voilier, il fallait mettre les gaz et acquérir une certaine vitesse. Et pour éviter l'amas rocheux devant nous, je devais foncer vers l'autre écueil avant de rediriger la barque si lourde. J'ai frôlé le brisant pour revenir au centre de l'étroite sortie, balayée par des vagues incessantes. Retenus par nos ancres, nous les avons draguées vers le large, jusqu'à ce que la menace soit derrière nous. Je crois bien que c'est là que j'ai crié…

Aujourd'hui, après une nuit sans sommeil, l'équipe est allée revisiter les lieux. Il fallait bien aller mettre un peu d'ordre et essayer de récupérer les morceaux laissés en place. Une séparation laisse toujours des morceaux de nous derrière, égarés, orphelins. Il faut maintenant refaire notre vie, notre routine, notre quotidien. C'était le jour de mon anniversaire… Il restera gravé dans ma mémoire pour toujours. Hé ! les dieux, je n'en demandais pas tant !

Sedna entreprend sa première nuitée à son nouveau site d'hivernage. Tout est calme. Aucun mouvement du voilier, pas même la houle du large ne saurait trouver sa voie jusqu'ici. Le site est bien protégé, enclavé entre les glaciers, les îles et les bras de mer qui se faufilent. Il faut connaître les lieux pour accéder à ce paradis perdu. Le vent lui-même ne semble pas connaître le chemin. Du moins, pas encore… Mais, surtout, ce nouvel emplacement est à l'abri des grandes oscillations de la mer, les vagues ne pourront refaire le complexe trajet que nous avons parcouru jusqu'ici.

Pas facile d'accéder au paradis. À dire vrai, jamais je n'aurais pensé faire louvoyer le voilier par de si étroits passages. Moins de 40 mètres de largeur par endroits ! Nous en faisons plus de 8… Et une série de virages à 90 degrés… pour un bateau de 51 mètres de longueur ! Le défi était de taille et, encore une fois, l'équipe a été formidable. Une coordination parfaite, un effort collectif, un succès sur toute la ligne. Il faudra toutefois bien assurer l'amarrage. Tout reste encore à faire.

Ce soir, nous avons retrouvé le calme et le silence de l'Antarctique. Ce soir, nous retrouverons les bras de Morphée avec un plaisir renouvelé.

Sedna s'est faufilé dans un étroit canal. La manœuvre est délicate et il faut garder l'œil sur le profondimètre pour éviter l'échouage.

Raquettes aux pieds, une partie de l'équipage est allée explorer les environs de notre nouveau site d'hivernage.

Tempêtes en rafales

Hier, en terminant mon journal de bord, j'écrivais : « Ce soir, nous avons retrouvé le calme et le silence de l'Antarctique. Ce soir, nous retrouverons les bras de Morphée avec un plaisir renouvelé. » Eh bien, sans vulgarité et sans tomber dans le potinage, je vous dirai que Morphée couche avec Éole, et que ce dernier n'a pas apprécié son infidélité. En pleine nuit, l'amant s'est réveillé, sans doute surpris de nous voir dans les bras de Morphée. Il faut dire que nous étions onze au lit et deux autres à son chevet, comme des voyeurs dans la nuit. Éole a décidé de nous faire payer le prix fort pour cette perfidie collective. La vengeance fut terrible. Les marins perdus en songes n'ont eu d'autre choix que de se rhabiller vite fait, car le dieu du vent venait de trouver le passage qui mène à notre refuge d'hiver !

Hier encore, j'écrivais : « Il faudra toutefois bien assurer l'amarrage. Tout reste encore à faire. » Nous n'avons jamais eu le temps de terminer nos travaux, et les coups au flanc furent terribles, pernicieux, presque assassins. Le vent a soufflé, puis soufflé encore plus fort. Il a entraîné *Sedna* vers le rivage, dangereusement, jusqu'à le frôler. Pendant ce temps, l'équipe rassemblait les restes d'amarres

récupérées de la catastrophe de Melchior pour en improviser de nouvelles, plus longues, raboutées, mais encore solides. Éole était en colère, déchaîné. Il allait nous faire payer le prix de notre négligence de la veille.

Depuis notre départ de Melchior, nous essuyons tempête après tempête. Entrecoupées d'accalmie de très courte durée, le temps de reprendre leur souffle, elles se narguent l'une l'autre dans un concours de force dont nous devons subir les contrecoups. Interminables et dévastatrices, elles se succèdent dans un mouvement perpétuel, sans aucun égard pour notre sommeil déjà handicapé par les événements de la semaine dernière. Et elles semblent s'être donné le mot : elles nous attaquent toujours de nuit.

Nos déboires ont été entendus par nos amis américains, et le brise-glace de la National Science Foundation, le *Laurence M. Gould*, nous rendra visite lors de sa prochaine campagne scientifique dans le secteur. Dans ses cales, des amarres nouvelles, une génératrice, du matériel scientifique pour poursuivre la mission… parce que, oui, nous poursuivons ! Malgré les difficultés, malgré les déboires, malgré cette semaine épouvantable, la plus difficile de l'expédition, nous sommes certains que les choses vont s'améliorer. Nous gardons confiance en cette baie, et le moral des troupes demeure intact malgré la série noire qui se prolonge.

Nous venons de vivre une semaine d'enfer. Le temps passe, mais c'est la vie qui contrôle tout ici. Les temps passent, mais le défi demeure entier, et la réussite ou l'échec des expéditions, celles d'hier ou d'aujourd'hui, ne se mesurent que par la force de l'équipage. Notre esprit d'équipe se porte toujours aussi bien. Plus que jamais, nous formons une famille unie devant les difficultés. Nous ne demandons maintenant qu'un peu de sommeil…

Après la tempête, une équipe est allée installer plusieurs amarres supplémentaires sur le rivage pour sécuriser *Sedna*.

Oui, nous poursuivrons ! Malgré les difficultés, malgré les déboires, malgré cette semaine épouvantable, malgré tout.

Lendemain de la veille

Pour la première fois depuis l'évacuation, nous avons pris le temps de nous asseoir et de revenir sur la situation. Après une autre journée remplie à réinstaller les ancres et les amarres, après un de ces repas réconfortants dont Joëlle a le secret, nous avons exprimé librement nos réactions au sujet de ce qui est arrivé. Ce qui est ressorti avant tout de cet échange fut un sentiment global d'accomplissement. Les membres de l'équipe ont su réagir rapidement, sans panique, avec le souci de l'un pour l'autre. Chacun dans son rôle a donné le meilleur de lui-même, avec cohésion. Il faut cependant l'avouer : nous formons une équipe très hétéroclite. Bien que nos passions nous unissent dans ce projet et que nos intérêts aillent vers les mêmes azimuts, nos expériences respectives sont très différentes. Alors, le fait de constater la patience des uns, malgré l'incertitude, et le sens de l'humour des autres, malgré la fatigue, fut très rassurant. Nous avons perdu notre pont suspendu, soit. Mais il a fait place à un nouveau pont tissé entre nous…

La privation de sommeil des troupes n'a pas tardé à manifester ses effets. Nous avons compilé les données cliniques suivantes au cours de la dernière semaine : 13 cas d'insomnie, d'anxiété ou de problèmes de concentration ; 8 cas de courbatures musculaires ; 4 cas de maux de tête ; 2 doigts lacérés ; 2 cas de palpitations cardiaques ;

2 coccyx fêlés lors de chutes sur le pont ; 1 cas de symptômes d'affect dépressif ; 3 cas de constipation déclarés… ; quelques boutons d'acné rebelle… ; 10 ongles rongés… ; un maximum de marques mauves sous les yeux, mieux connues sous le nom de cernes… Ces symptômes, nous les attendions un jour, au fil de l'hivernage. Mais voilà qu'ils se sont présentés plus tôt que prévu, précipités par l'évacuation de Melchior. Bien sûr, ce fut un choc, un deuil, après deux mois d'installation intensive où nous commencions à prendre racine.

Certains préfèrent néanmoins le nouveau site d'hivernage, pour son calme et sa beauté sauvage. D'autres voudraient pouvoir retrouver les installations de Melchior. Malgré l'incertitude, l'angoisse de la recherche du nouveau site semble terminée pour l'instant. Mais, comme l'a dit Mario, tant que nous ne serons pas de retour à la maison, il faudra être prêts à affronter le pire. Nous ne serons jamais complètement installés…

Il avait sans doute raison. Quelques minutes après avoir terminé le repositionnement du bateau, la nature antarctique nous réservait une nouvelle surprise : cette fois, ce n'était pas le vent, ni la houle, ni la marée qui menaçait nos amarres… mais un phoque léopard qui s'obstinait à se faire les dents sur un des cordages fraîchement ajustés ! L'Antarctique nous surprendra toujours.

> Nous avons perdu notre pont suspendu, soit. Mais il a fait place au nouveau pont tissé entre nous…

Trajet emprunté par le *Sedna* pour rejoindre son nouveau site d'hivernage.

« Bon hiver ! »... Et vlan ! En deux mots, une simple et seule vision :
tous ces mois, ces semaines, ces jours et ces secondes à venir...

Nostalgie

Le brise-glace américain *Laurence M. Gould* vient de quitter la baie, emportant avec lui les derniers relents de la seule civilisation disponible ici. Chaque fois que nous entrons en contact avec d'autres, quand nos regards croisent des incarnations de ce que nous avons laissé derrière nous, l'âme s'alourdit et le temps pèse. Soudainement, nous calculons ce temps, celui qui reste, celui que nous avons parcouru et, toujours, nous pensons aux conséquences, telles des empreintes indélébiles qui s'incrustent en nous. Pourquoi le temps prend-il une tout autre forme quand la solitude se brise ? Pourquoi les heures paraissent-elles plus longues quand nous touchons aux soupçons d'hier ? Et pourquoi les heures s'étirent-elles sans raison quand nous regardons vers demain ? Peut-être tout cela traduit-il une certaine fragilité. Peut-être, alors, vaut-il mieux demeurer au cœur de notre état autarcique pour éviter le retour des pensées noires, noires comme la nuit, et, inévitablement, bientôt, noires comme le jour.

Ce matin, aux premières lueurs, j'ai rejoint le brise-glace et sa précieuse cargaison. Voilà maintenant quinze jours que je n'avais pas quitté la baie. Il fallait bien que quelqu'un demeure au poste, le temps d'assurer notre nouvel amarrage. Quand on craint le pire, on assure. C'est souvent ainsi quand on ne fait plus confiance aux dieux, celui du vent, de la mer ou du temps. Ce matin, en accompagnant le lever du jour, je savoure à nouveau les grands espaces. J'apprécie avec volupté l'extraordinaire panorama, succession sans fin de sommets englacés qui se découpent sur l'infini. Face au nord, la mer s'offre, à perte de vue, comme une invitation au marin. Celle-là, je l'ai pourtant côtoyée et vécue pendant les deux derniers mois. Je connais chacune des baies environnantes, j'ai scruté chacun de ses sillons à la recherche d'un souffle de vie, mais jamais je n'ai autant senti son appel. L'appel du

Nord. Ce matin, quand le jour a pris ses couleurs, je n'avais qu'à hisser l'une des voiles et je serais parti vers l'autre hémisphère. Le Nord, ici, c'est ce que nous avons laissé derrière nous, ceux et celles qui nous manquent. Le Nord, aussi, c'est nous.

Peut-être ce remuement émotif ne serait-il pas survenu si, au départ des hommes du *Gould* venus nous porter assistance, nous n'avions pas eu droit à cette toute petite expression qui a ramené en entier le poids du temps. « Bon hiver ! »… Et vlan ! En deux mots, une simple et seule vision : tous ces mois, ces semaines, ces jours et ces secondes à venir… Comme si chaque nouveau contact avec le vrai monde nous ramenait au point de départ.

Nous avons tout laissé en plan et sommes allés faire la sieste. Demain, quand les derniers effluves du passé se seront évaporés dans la nuit, nous retrouverons nos solitudes, en groupe, et, avec elles, les outils et les mécanismes essentiels au passage du temps. Ceux que nous avons forgés, que nous avons construits à grands coups de mélancolie. Peut-être faut-il toucher certains repères pour affronter le temps ? Quand la solitude se brise, l'âme s'alourdit et le temps se transforme. Alors, souvent, notre regard se tourne vers le Nord… Malgré une certaine normalité retrouvée, encore, nous regardons derrière nous…

Le *Laurence M. Gould* est arrivé dans le secteur de l'archipel des îles de Melchior pour nous livrer notre précieuse marchandise, y compris quelques denrées fraîches tant attendues.

Il pleut...

Il pleut. Pas une petite bruine d'atmosphère toute douce qui rafraîchit le visage, mais plutôt de véritables averses qui tombent de la nuit. Incroyable ! Et si l'hiver avait décidé de passer son tour ? Inquiétant tout cela. Vraiment inquiétant. Nous sommes bientôt en juin, et le mercure continue de nous jouer des tours. La quantité de pluie qui s'est déversée sur nous depuis trois mois est impressionnante. S'il en est encore qui ne croient toujours pas aux effets des changements climatiques dans cette région du monde, ils devraient venir faire un tour ici. Bientôt juin, et il tombe des cordes. Naturels, ces changements ?

La station scientifique américaine de Palmer a enregistré les températures de l'air entre 1951 et 2001. Nos voisins américains sont juste à la porte d'à côté. Ils ont noté une augmentation importante des températures, principalement au cours des deux dernières décennies. Pour bien en comprendre l'impact, ils ont ciblé le mois de juin, qui correspond à ce que les scientifiques appellent le *mid-winter* (pour ceux et celles qui osent affronter l'hiver antarctique, juin correspond à peu près au milieu de leur saison d'hivernage). Au cours de ces cinquante années d'études, le mercure a grimpé en moyenne de 0,11 °C par année, ce qui représente une augmentation de 6 °C en juin pour l'ensemble de la période. Cette augmentation de température enregistrée n'a pas d'égale sur la planète. Aucun autre endroit n'a connu une hausse aussi élevée et en si peu de temps. Le Grand Sud est affecté par cette hausse considérable des températures. Une chaleur nouvelle venue du Nord, produite par nos

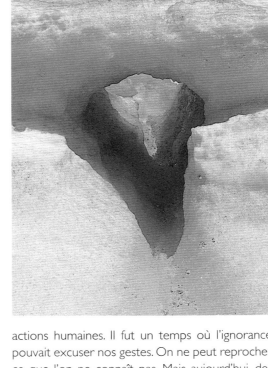

actions humaines. Il fut un temps où l'ignorance pouvait excuser nos gestes. On ne peut reprocher ce que l'on ne connaît pas. Mais aujourd'hui, devant tant de preuves irréfutables, ne serait-il pas temps de passer à l'action pour préserver ce qu'il reste de nous ?

Ce soir, sur le pont arrière de *Sedna*, j'entends le fracas des glaciers de la baie qui laissent partir des pans de glace complets à la mer. Je ne les vois pas, car ils sont dissimulés dans la nuit noire. Je ne peux que les entendre. Un son de catastrophe, de cataclysme, d'épouvante, qui se répète en écho dans l'obscurité australe, comme un message, comme un appel de détresse. Nous ne sommes malheureusement que treize ici pour l'entendre. Il en faudrait des millions, voire quelques milliards pour espérer un impact, pour que ce bruit d'apocalypse provoque enfin un réel changement.

Devant tant de preuves irréfutables, ne serait-il pas temps de passer à l'action pour préserver ce qu'il reste de nous ?

Dans nos sociétés d'abondance, nous ne savons plus apprécier la juste valeur des choses, nous tenons tout pour acquis. Et pourtant...

Jour de lessive

Depuis que nous avons quitté la base de Melchior, l'eau potable est une denrée rare. Les glaciers qui nous alimentaient en eau ont fermé les robinets depuis que le mercure oscille juste sous la barre du zéro degré. La glace a emprisonné le précieux liquide, et nous n'avons pas assez de carburant pour faire fondre la glace nécessaire à nos besoins quotidiens. Notre désalinisateur fonctionne au ralenti depuis plus d'un mois, En fait, nous ne cessons de remplacer les pièces de cet équipement sophistiqué depuis notre départ. Nous avons beau essayer de convaincre les fabricants californiens de l'importance vitale pour nous du bon fonctionnement de cet instrument essentiel, on nous répète sans cesse que la compagnie possède un réseau de revendeurs partout dans le monde qui peut assurer le service en cas de problèmes. Hé ! Nous sommes en Antarctique, et je n'ai pas trouvé votre nom dans l'annuaire téléphonique de Melchior ! Avec une eau de mer qui se situe à − 1,7 °C, les filtres perdent en efficacité, et le désalinisateur peine à produire des quantités suffisantes d'eau douce pour permettre le fonctionnement normal de notre microsociété. L'eau est donc rationnée, et ce n'est que le dégel exceptionnel des derniers jours qui a permis d'accumuler une certaine réserve. Suffisamment pour nous permettre le luxe d'une lessive limitée.

Mario et Serge avaient installé un réservoir et une pompe à la base du glacier pour récupérer l'eau millénaire. Aujourd'hui, puisqu'il faut bien chasser un peu les odeurs lorsqu'on vit dans pareilles conditions de promiscuité, ce fut donc jour de lessive. Grand jour ! Quel plaisir... ! Retrouver l'odeur des vêtements propres, frais... Ah ! petit plaisir oublié, tu retrouves soudain un sens depuis

longtemps enfoui dans l'opulence de nos quotidiens. Ah ! les petites douceurs de la vie, celles que l'on apprécie à leur juste valeur quand les conditions de vie nécessitent une certaine forme de restriction. Dans nos sociétés d'abondance, nous ne savons plus apprécier la juste valeur des choses, nous tenons tout pour acquis. Et pourtant...

Mais attention, la restriction sur l'eau douce à bord n'a pas été levée sans règle précise. Un jour de lessive peut ruiner notre réserve pour des semaines. Il fallait donc former des équipes de deux pour pouvoir profiter de ce privilège. La dernière lessive remontait à environ un mois... Un mois de dur labeur, dans la sueur et la pluie. Pas le choix, il fallait chasser les odeurs ! En parlant d'odeurs, le rationnement d'eau douce influe également sur la fréquence des douches. Une douche tous les sept à dix jours, et encore, si nos réserves le permettent. Eh oui, pas le choix... Mais l'obligation de former des équipes ne s'applique pas encore...

Grande journée aujourd'hui sur *Sedna* ! C'est jour de lessive...

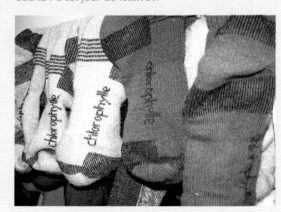

Le phoque de Weddell est
l'un des rares à être présent
toute l'année sur la péninsule
antarctique.

Le chant
des sirènes

L'autre nuit, nous avons eu droit à tout un
concert ! Nous étions bien installés aux premières loges. Pendant près de cinq heures, les phoques de Weddell ont fredonné leurs vocalises à
travers le grand réceptacle sous-marin de la baie.
Leurs chants plaintifs, à proximité du voilier, traver-
saient la coque qui agissait comme une caisse de
résonance. Nous avons pu apprécier les variations
vocales de nos amis pendant une bonne partie
de la nuit. Certains d'entre nous n'ont pas raffolé
des sérénades qui ont perturbé leur sommeil déjà
fragile. Au matin, les traits tirés, ils ont voulu offrir
la pareille aux mastodontes, lourdement avachis
sur la plage. Mal leur en prit puisque la majorité
de l'équipage, qui avait plutôt aimé la prestation
nocturne, s'est farouchement opposée au plan des
insomniaques.

Les phoques de Weddell ont adopté la baie *Sedna*
et ils devraient passer l'hiver avec nous. Ce sont
de formidables plongeurs, capables d'atteindre des
profondeurs de 750 mètres (2 460 pieds). Ils peuvent
diminuer de 75 % leur rythme cardiaque lors de
ces plongées abyssales. Je ne serais pas surpris de
les voir se regrouper dans la baie Sedna pour la
mise bas, qui devrait se situer vers le mois de septembre. La baie possède toutes les caractéristiques
pour accueillir les futures mamans.

Le concert nocturne des phoques de Weddell
fut un rare privilège. Quand, dans le silence de la
nuit, nous percevons des voix venues du fond de
l'océan, nous n'avons qu'à laisser aller notre imagination. Soudain, elle nous transporte en rêve…
Tiens, on dirait presque des sirènes…

Quand, dans le silence de la nuit, nous percevons des voix venues du fond de l'océan,
nous n'avons qu'à laisser aller notre imagination. Soudain, elle nous transporte en rêve...

Au clair de la lune... nuit et jour

Depuis l'équinoxe du 21 mars, la durée de la nuit dépasse celle du jour ; nous perdons actuellement près de sept minutes de lumière quotidiennement. Cette diminution de photopériode affecte toute la faune antarctique, du plancton jusqu'aux baleines. C'est le grand signal biologique automnal : en vue de l'hiver, les dernières espèces non résidentes encore présentes ici devraient bientôt quitter le territoire. Et nous ? Les études l'ont prouvé : les humains sont aussi affectés par la diminution de la photopériode. Le manque de lumière agit sur le corps et sur l'esprit, et nous pouvons ressentir l'effet de cette privation. Au cours des prochains mois, la durée d'exposition à la lumière influencera donc nos neurotransmetteurs et aura un impact sur notre cerveau, notre comportement, notre bien-être.

Comme nous plongerons inexorablement dans une noirceur grandissante jusqu'au solstice, il convient de bien nous y préparer. Nous avons donc commencé un long processus d'adaptation dont le but est de veiller à la stabilité de notre horloge biologique tout au long de la période d'hivernage. Nous disposons, entre autres, de « simulateurs d'aube », un type de lampes favorisant un éveil en douceur le matin. En fait, il s'agit de réveille-matin lumineux munis d'une lampe relativement puissante (60 watts) qui s'allume progressivement sur trente minutes. Nous verrons bien si ce dispositif viendra à bout de nos meilleurs dormeurs… Et afin d'aider les plus tenaces, nous avons aussi convenu, en un consensus de groupe exemplaire,

de reculer notre horloge de deux heures pour mieux nous accorder à l'heure géographique locale. Nous aurons de la lumière plus longtemps le matin, ce qui sera bénéfique pour tous, tant sur le plan physiologique que logistique.

À la baisse de luminosité reliée au changement de saison s'ajoute celle engendrée par notre positionnement. En effet, le soleil n'atteint plus *Sedna*. Ses rayons obliques passent au-dessus de la vallée étroite où nous sommes, ce qui donne l'impression, accentuée par l'impossibilité d'aller facilement à terre, que le bateau rapetisse. Nous sommes réfugiés dans cette jolie baie entourée de glaciers à la fois magnifiques et gênants, qui éblouissent le regard tout en bouchant l'horizon. Une clarté certaine distingue le jour de la nuit, mais plus aucune lumière directe ne vient illuminer nos journées. Voilà sans contredit un désavantage important de notre nouveau site d'hivernage. La protection contre les tempêtes a donc un prix fort. Le seul astre qui nous accompagne, quand nous sommes dissimulés dans notre réseau de canaux étroits, c'est la Lune, constante, visible toute la journée. L'astre solaire, lui, demeure caché derrière les montagnes de glace. À Melchior, nous pouvions jouir du lever de soleil, juste devant nous, instant magique et apprécié de tous. Ici, il n'y a plus rien. L'absence de soleil devrait, à tout le moins, faire diminuer les températures et participer à l'installation tellement attendue de l'hiver. Comme quoi une mauvaise nouvelle ne vient jamais tout à fait seule…

Nuit antarctique.
Longue exposition photo pour
capter les vestiges du jour.

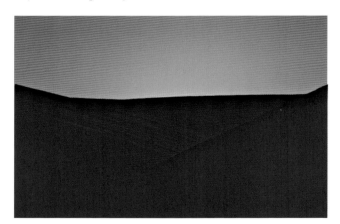

Le véritable défi de l'hivernage

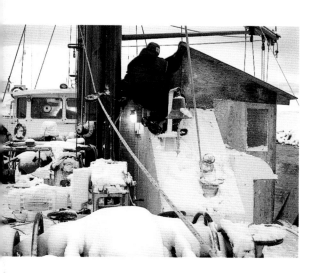

Aujourd'hui, comme tous les jours d'ailleurs, le cœur de *Sedna* bat à tout rompre. Pour bien comprendre, il faut voir le lieu. À gauche en entrant, il y a l'établi, garni d'outils et de pièces de rechange variés. À droite, il y a le laboratoire océanographique temporaire, avec les instruments sophistiqués, un ordinateur et un super congélateur, essentiel pour la conservation de nos échantillons scientifiques qui doivent être conservés à − 80 °C. Au centre, il y a la petite clinique médicale à aire ouverte : une table d'examen, avec tous les équipements d'urgence. Tout ça dans un carrefour achalandé et compact !

Dans cette pièce multifonctionnelle, on en voit de toutes les couleurs. Typiquement, Stévens, le mécanicien, travaille à démonter minutieusement un moteur ; les scientifiques Damian et Sébastien s'affairent à transvider l'eau d'échantillonnage sous une lampe verte afin de préserver la chlorophylle du plancton. Entre-temps, Joëlle passe avec un sac de légumes fraîchement cueillis d'un des congélateurs du sous-sol et file en direction de la cuisine et Martin, notre caméraman, vient constater où en sont les projets, guettant un prochain tournage. Mariano, le psy, arrive avec un maté (une infusion à base de plantes, l'équivalent argentin de la pause-café), afin de mieux s'enquérir du moral des troupes, pendant que Serge et Mario traversent en habit de plongée, le masque sur le front. Sur l'entrefaite, une ombre vient vider les bacs de recyclage qui sont encore pleins, pendant que le doc attend calmement… en espérant que personne ne se blesse.

Géographiquement, c'est le cœur du bateau. Le lieu de tous les compromis. Peut-être en est-il ainsi de la plupart des milieux de travail. Soit. Mais… retrouver ses collègues de travail en fin de journée pour le repas et… passer la soirée avec eux puis… les retrouver le lendemain matin au petit déjeuner, au déjeuner et à nouveau au repas du soir, chaque jour, jour après jour, pendant neuf mois, relève de l'inusité. Voilà, concrètement, ce qu'est la promiscuité ! C'est le psy qui le dit : le bateau peut sauter n'importe quand ! Nous constituons une microsociété qui peut se comparer à un être vivant, fragile et fort à la fois, en constante évolution. Ce que nous pouvons constater jusqu'ici, à bord de *Sedna*, c'est qu'il y a une entente tacite entre nous, un petit traité de l'Antarctique, version familiale. Comme si nous étions les pays signataires avec leurs différences. Vu ainsi, le défi à l'échelle de *Sedna* prend soudainement une toute nouvelle proportion !

En tant qu'équipe, nous attaquons maintenant notre moment de vérité. Les mois à venir mettront à l'épreuve notre volonté de garder un respect des individus et l'équilibre du groupe. Nous serons face à nous-mêmes, soulevés par nos forces et confrontés à nos difficultés. Nous sommes capables de faire preuve de tolérance. Nos peurs peuvent devenir courage. Même l'agressivité peut devenir force de volonté. Il n'en tient qu'à nous. En équipe, nous avons tissé des liens au fil des jours, comme nous avons construit un pont de corde reliant *Sedna* à la rive de Melchior. L'événement nous a confirmé l'importance de travailler ensemble. Avec ou sans jeu de mots, nous sommes véritablement « dans le même bateau », et l'expression prend soudainement toute sa force lorsqu'on l'accole au concept de « partager la même planète ». Le défi est réel et nous devons, nous aussi, combattre le temps. Celui qu'il fait, et celui qui passe, lentement, très lentement…

Tout est possible à bord de *Sedna*, même les réparations dentaires ! François, Amélie et Stévens ont vite appris les rudiments du métier de dentiste pour soulager Pascale.

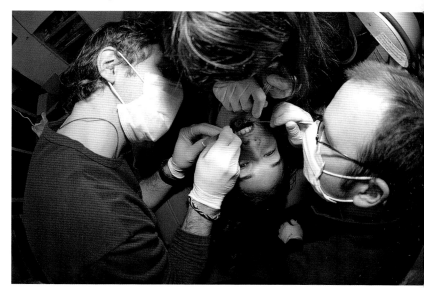

Le traité de l'Antarctique

Le continent antarctique est géré par un traité international qui devrait servir d'exemple dans la gestion de nos ressources. En superficie, l'Antarctique représente 14 millions de kilomètres carrés, soit la taille des États-Unis et du Mexique réunis (ou près d'une fois et demie la taille du Canada ou vingt fois la superficie de la France). Le continent est recouvert à 98 % de glace, avec des épaisseurs qui atteignent jusqu'à 4 kilomètres par endroits. L'Antarctique est, de ce fait, le continent le plus froid de la planète.

L'Antarctique n'appartient à personne et est protégé par des lois très strictes qui interdisent toute exploitation (minière, pétrolière, chasse, pêche, etc.). Cette décision a été prise le 1er décembre 1959, à Washington, aux États-Unis, alors que douze nations ont signé le traité de l'Antarctique : Argentine, Australie, Belgique, Chili, France, Japon, Nouvelle-Zélande, Norvège, Union sud-africaine, URSS, Royaume-Uni, États-Unis. Le traité est entré en vigueur le 23 juin 1961, date où les douze signataires deviennent les pays consultatifs concernant toute décision sur l'Antarctique. Le but de ce traité : protéger l'Antarctique.

Ainsi, les signataires du traité ont reconnu qu'il était de l'intérêt de l'humanité tout entière que l'Antarctique soit à jamais réservé aux seules activités pacifiques et ne devienne pas l'enjeu de différends internationaux. Ils reconnaissaient également l'importance des progrès réalisés par la science grâce à la coopération internationale en matière de recherche scientifique en Antarctique. Cette coopération était fondée sur la liberté de la recherche scientifique sur le continent.

Le traité de l'Antarctique permet de maintenir l'harmonie internationale et de suivre les intentions et les principes de la charte des Nations unies. En mai 2000, quinze autres nations ont acquis le statut de pays consultatif en adhérant au traité et en conduisant des recherches scientifiques significatives en Antarctique : Brésil, Bulgarie, Chine, Équateur, Finlande, Allemagne, Inde, Italie, Pays-Bas, Pologne, Pérou, République de Corée, Suède, Espagne et Uruguay. La Russie, quant à elle, a reconduit son statut de pays fondateur et de partie consultative qu'avait acquis, depuis 1959, l'ex-Union soviétique.

Par la suite, 17 autres nations ont adhéré au traité : Autriche, Canada, Colombie, Cuba, République tchèque, République démocratique et populaire de Corée, Danemark, Grèce, Guatemala, Hongrie, Papouasie-Nouvelle-Guinée, Roumanie, République de Slovaquie, Suisse, Turquie, Ukraine et Venezuela. Tous ces pays se sont engagés à respecter les termes du traité et sont autorisés à assister, en tant qu'observateurs, aux réunions consultatives mises en place par les pays membres.

Les 44 nations précitées représentent maintenant environ les deux tiers de la population mondiale et, ensemble, elles s'assurent que l'Antarctique demeure un continent consacré à la paix et à la science. C'est d'ailleurs le seul endroit sur la planète où, légalement, les guerres ne sont pas permises... La collaboration et la coopération entre les pays pour protéger les ressources de la planète sont possibles. Il ne s'agit pas d'un modèle théorique. Le traité de l'Antarctique fonctionne dans la mesure où tous les pays qui adhèrent à cette philosophie respectent des règles de protection et de conservation communes pour protéger des ressources naturelles qui appartiennent à l'humanité. Ce traité devrait servir d'exemple pour demain...

Le programme scientifique de *Sedna* a d'abord vu le jour grâce à une entente entre l'Argentine et le Canada. Le déménagement imprévu de notre base de Melchior a forcé le démantèlement de notre laboratoire d'analyse situé dans un des bâtiments de la base argentine. Temporairement, nous avons converti une partie de l'atelier de *Sedna* en lieu de travail pour nos scientifiques, mais les Américains ont accepté de nous prêter une tente isolée, qui deviendra notre nouveau laboratoire. Cette collaboration témoigne de l'esprit d'entraide entre les différents groupes de recherche au sein de la grande famille antarctique.

Le camp de base

Nous sommes en juillet, et l'hiver refuse toujours de s'installer. Les vents ont dégagé toute la glace du secteur. À perte de vue, c'est maintenant l'eau libre. Si nous le voulions, nous pourrions lever l'ancre et filer vers l'Amérique du Sud, vers la civilisation. Pas un champ de glace à l'horizon, pas un obstacle sur la route qui nous mène à la vie normale. Si nous le voulions, nous pourrions rentrer à la maison. Pour être franc, j'y ai même pensé… Les effets de l'hivernage, sans doute. Jamais je n'aurais cru possible une telle option, en juillet, au cœur de l'hiver antarctique. Le climat est en complète déconfiture et nous resterons pour en témoigner, pour rapporter des preuves irréfutables de ces changements climatiques qui modifient considérablement la vie, ici comme ailleurs. L'enjeu est trop important.

Nous ne sommes pas les seuls à constater ces changements environnementaux. Les animaux semblent eux aussi refuser de croire que l'hiver sera bientôt là. Un groupe d'une cinquantaine de cormorans est toujours en patrouille dans le secteur et une bonne vingtaine de manchots papous semblent avoir définitivement décidé de passer l'hiver ici. Surprenant ! Le phoque léopard est toujours un voisin régulier et il continue de s'amuser autour de notre bateau pneumatique à chaque nouvelle sortie en mer. Aujourd'hui, il a même été rendre visite à Joëlle et Sébastien, partis en randonnée de kayak de mer. Les baleines ne semblent pas, elles non plus, avoir trouvé de bonnes raisons de quitter le secteur : les rorquals à bosse conti-

nuent de se nourrir de krill aux abords des glaciers, les petits rorquals les imitent et la présence inhabituelle de toute cette faune attire les épaulards, de redoutables prédateurs qui patrouillent l'archipel en quête de chair fraîche. Et je ne parle pas des phoques de Weddell, qui ont définitivement adopté la baie Sedna pour se reposer sur les plages environnantes. Puisqu'il en est ainsi, il faudra se résigner à attendre encore.

La longue nuit antarctique affecte le corps et l'esprit, et le moral des troupes est à la baisse. L'immobilité imposée par cette absence de glace nous pèse et les altercations sont de plus en plus fréquentes entre les membres de notre famille obligée. Le temps, lourd, n'a plus la même signification.

Nous avons débuté l'installation de notre village de tentes qui servira principalement aux loisirs de l'équipe. Les scientifiques auront bien leur laboratoire à proximité, mais les visites à terre permettent surtout de se détendre, de prendre un peu de recul, de quitter, pour un court instant, le petit monde dans lequel nous évoluons et où la promiscuité pèse de tout son poids. Dans une des tentes, nous installerons notre modeste gymnase, qui permet à l'équipe de garder la forme. Dans une autre, un coin pour se ressourcer où les membres de l'équipe laissent en dépôt, pour consultation, des livres, des recueils, des photos. Ces tentes exceptionnelles, conçues pour les pires conditions qui soient, deviendront aussi nos refuges en cas d'abandon forcé du voilier. Il faut toujours avoir un plan B !

Notre petite société des loisirs s'installe et se modifie en fonction des nouvelles conditions environnementales. Les skis, les raquettes et les traîneaux sont toujours dans leurs boîtes d'origine, à notre grand malheur à nous tous qui aimons l'hiver et le froid.

Le climat est en complète déconfiture.

La « petite laine » gazeuse

L'une des études scientifiques menées à bord de *Sedna IV* s'insère dans un vaste programme de recherche qui vise à comprendre la dynamique des transferts de gaz carbonique entre l'atmosphère et l'océan, dans un contexte de réchauffement climatique et de diminution de la couche d'ozone. Depuis plusieurs années, les évidences d'un réchauffement planétaire s'accumulent. Les courbes d'augmentation des températures enregistrées un peu partout sur la planète suivent la même progression que celles de la concentration d'un des plus importants gaz à effet de serre : le gaz carbonique (CO_2). Plus simplement, disons que plus nous produisons de gaz carbonique et plus la température augmente.

Le réchauffement de la planète semble en grande partie attribuable à une augmentation des gaz à effet de serre dans l'atmosphère, et notre façon de consommer les énergies fossiles (pétrole, charbon, etc.) est majoritairement responsable de ce nouveau déséquilibre. Il faut maintenant trouver des solutions, chercher à comprendre comment nous pouvons réduire notre production de gaz à effet de serre et comment la planète utilise ses processus naturels pour capter le carbone que nous produisons. Nous cherchons simplement à retrouver un équilibre entre ce que nous produisons et ce que la Terre peut absorber. C'est pourquoi la communauté scientifique doit bien comprendre les processus naturels qui influencent le cycle du carbone.

La planète possède son propre système pour veiller à maintenir un certain équilibre dans le cycle biologique du carbone. Les plantes terrestres et marines, par la photosynthèse, capturent une bonne partie de ce carbone. Historiquement, la Terre a toujours réussi à conserver cet équilibre en évitant une trop grande accumulation des gaz à effet de serre dans l'atmosphère. Mais cet équilibre est aujourd'hui rompu. D'un côté, nous produisons maintenant trop de carbone, et de l'autre, nous continuons à couper les forêts, véritables poumons de la planète. Les récents travaux scientifiques ont permis de constater que les océans sont d'excellents capteurs de gaz à effet de serre. Les plantes marines, principalement le phytoplancton — ces petites algues microscopiques en suspension dans les eaux des océans —, sont beaucoup plus efficaces que les plantes terrestres quand vient le temps de capturer le carbone produit. Par unité de biomasse, le milieu océanique est jusqu'à cent fois plus productif que les milieux terrestres, d'où l'intérêt, pour les scientifiques, de comprendre les facteurs qui contrôlent la productivité des océans.

La vie à bord

Juillet est bien installé. Au cœur de l'hiver antarctique, la banquise se fait toujours désirer. Heureusement, la nature sait nous conquérir et nous accompagner dans la longue attente d'une saison froide qui tarde à venir. En cette fin de journée, les lumières chaudes jaillies de l'horizon ont encore une fois enrobé les îles, les glaciers et les baies voisinantes. Elles ont enflammé le ciel d'une douce teinte de carmin qui a pratiquement mis le feu au décor tellement les parois de l'île Brabant ont tourné au cramoisi. Quel spectacle, offert, une fois de plus, par une nature qui n'en finit plus de nous éblouir ! L'intensité du soleil augmente de jour en jour et nous retrouvons peu à peu une certaine normalité. Déjà, nous pouvons compter sur des journées qui durent 4 h 44 !

L'hivernage en Antarctique n'est certes pas une partie de plaisir. Mais le privilège de partager ces lumières dans un environnement aussi inspirant vaut bien tous les petits maux. Pourtant, rien n'est facile, souvent, il faut se motiver pour commencer la journée et les conditions de vie sur un voilier de 51 mètres ne sont pas toujours de tout repos. L'idée générale que l'on se fait de nos conditions de vie est peut-être bien loin de la réalité. Les activités récréatives sont assez limitées, pour toutes sortes de raisons. D'abord, il y a, bien sûr, la sécurité des troupes. Aucune activité périlleuse n'est permise durant l'hivernage. Il faut se rappeler que les secours ne sont pas possibles durant le long hiver et la prudence pendant les activités quotidiennes demeure LA priorité. L'autre facteur qui limite nos plaisirs est sans contredit l'absence de glace. Nous avions prévu de longues randonnées exploratoires en ski, sur la banquise infinie. Eh bien, il a fallu revoir les plans puisque l'hiver n'est toujours pas arrivé… Notre mobilité ainsi limitée a aussi des répercussions sur le moral de l'équipage.

Comme le jour ne dure qu'un peu plus de quatre heures, nous sommes confinés, la plupart du temps, sur notre surface flottante de 51 x 8 mètres. Aussi étonnant que cela puisse paraître, ce qui nous manque sans doute le plus ici, en Antarctique, c'est la solitude. Curieux paradoxe tout de même, surtout quand on se sent si isolé, perdu au milieu de nulle part, au bout du monde. Mais la solitude, la vraie, celle que l'on retrouve quand bon nous semble, est une denrée rare et précieuse sur ce voilier. Pour toutes sortes de raisons, nous sommes rarement seuls, sauf dans nos cabines, la nuit, au grand désarroi de certains…

> Aussi étonnant que cela puisse paraître, ce qui nous manque sans doute le plus ici, en Antarctique, c'est la solitude.

Les nacres célestes

Les nuages nacrés ressemblent à des cirrus ou à des altocumulus en forme de lentille blanche. Ces nuages présentent des irisations très marquées, analogues à celles de la nacre ; les couleurs des reflets célestes atteignent leur éclat maximum lorsque le soleil se trouve à quelques degrés au-dessous de l'horizon. Nous avons observé ce phénomène entre 8 h 48 et 9 h 20. Le soleil se lève à 9 h 40, ce qui correspond bien à la description. Les nuages nacrés sont constitués de minuscules gouttelettes d'eau ou de particules sphériques de glace. Ces cristaux de glace agissent comme des prismes qui décomposent la lumière, un peu à la manière de l'arc-en-ciel. C'est le phénomène d'irisation qui produit les couleurs de l'arc-en-ciel, par réfraction de la lumière.

L'observation des nuages nacrés est plutôt rare. François, qui a passé plus de dix ans dans l'Arctique, a observé ce phénomène à quelques reprises seulement. Par contre, Pascale, qui a passé six mois à la station américaine McMurdo, située près du 78e parallèle sud, a pu contempler ce type de nuages de façon répétée en hiver. En Europe, on remarque surtout les nuages nacrés en Écosse et en Scandinavie, alors qu'en Amérique du Nord, c'est en Arctique et en Alaska qu'ils sont le plus fréquemment observés.

Des mesures effectuées sur des nuages nacrés observés dans le sud de la Norvège ont montré que ces nuages se situaient à des altitudes comprises entre 21 et 30 kilomètres. La couleur d'un nuage dépend essentiellement de la lumière qu'il reçoit. Ici, puisque le soleil d'hiver est près de l'horizon, les nuages prennent souvent une couleur allant du jaune à l'orangé, puis au rouge. La couleur des nuages varie également selon leur altitude. Quand le soleil est proche de l'horizon, ou légèrement au-dessous, les nuages élevés peuvent encore paraître blanchâtres, alors que les nuages qui se trouvent en altitude moyennement haute présentent une forte coloration orangée ou rouge.

Ici, quand la lumière du jour daigne nous baigner de ses chaudes couleurs, nous avons le sentiment de vivre au cœur d'un éternel coucher de soleil. Pour les cinéastes que nous sommes, c'est un rare privilège, observable uniquement aux pôles. Il n'y a pas que des mauvais côtés à vivre l'hivernage…

Simplement pouvoir marcher sur une surface de plus de 51 mètres de long, quelle sensation de liberté indescriptible après avoir été confinés sur notre voilier durant trop longtemps !

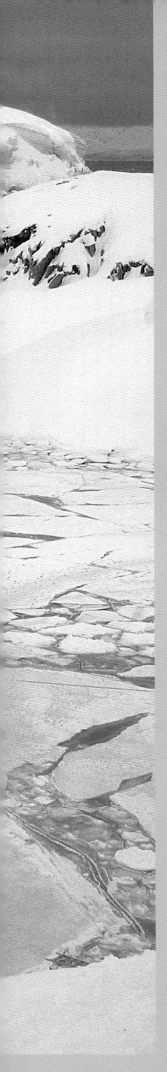

Enfin l'hiver !

Fin juillet. Une tempête s'est abattue sur nous au cours de la nuit et le mercure a chuté de douze degrés en quelques heures seulement. Au réveil, l'hiver s'était installé et les vents violents avaient soufflé sur nos tentes, déchirant sans réserve la toile, les cordages de retenue et même les sangles d'ancrage, reconnues pour leur solidité à toute épreuve. Nous avons retrouvé une des grandes tentes dans la mer, déchiquetée. Impossible de réparer, les dommages sont beaucoup trop importants. Le voilier n'a pas bronché, solidement ancré, face au vent. Le test véritable est donc passé et nous pouvons sans crainte dormir sur nos deux oreilles jusqu'à l'arrivée du printemps. Mais j'en connais qui garderont ouvert l'œil du marin, surtout la nuit. On ne sait jamais…

La glace autour de *Sedna* se forme graduellement. Elle est fragile et mince, mais bien portante. C'est incroyable ce qu'une toute petite surface de glace peut remonter le moral des troupes. Vers midi, une partie de l'astre solaire a fait son apparition juste au-dessus de la crête du glacier. Pour la première fois depuis des mois, nous avons senti le soleil sur nos visages. Quel réconfort ! Avec l'arrivée du froid, nous pourrons enfin entreprendre notre travail d'exploration et profiter des grands espaces. Toucher aux éléments. Vivre au rythme de la nature antarctique. Nous pourrons marcher… simplement pouvoir marcher sur une surface de plus de 51 mètres de long, quelle sensation de liberté indescriptible après avoir été confinés sur notre voilier durant trop longtemps ! Courir à gauche ou à droite. Glisser à skis entre les parois des glaciers. Jouer au hockey, au foot… Jouer en longueur et en largeur, quel bonheur !

Profitant de cette première période de froid depuis le début de notre hivernage, nous avons décidé de sacrifier une partie de nos réserves d'eau douce pour arroser notre nouvelle patinoire ! Eh oui, je rêve d'organiser la première véritable partie de hockey sur glace d'une équipe canadienne en Antarctique. Nous avons patiemment pelleté, jusqu'à nous éreinter, un espace qui, nous l'espérons, deviendra notre nouveau terrain de jeu. Nous souhaitons vivement chausser les patins bientôt. Les amateurs de hockey n'ont qu'à bien se tenir.

Pour nous, la banquise changera tout. Si le froid peut enfin s'installer, et demeurer, la glace nous permettra de nous évader au quotidien, les pieds sur terre ! Mais, paradoxalement, cette même glace ne nous permettra plus de déserter l'Antarctique. Quand le bateau sera englacé, la fuite vers le nord ne sera plus possible. La seule possibilité de retour sera désormais au printemps prochain…

L'intensité de l'astre solaire a complètement transformé nos journées. Nous pouvons maintenant profiter pleinement des sports d'hiver.

La première petite vague de froid du mois d'août a permis la construction

Les connaissances de notre médecin de bord, François, acquises avec

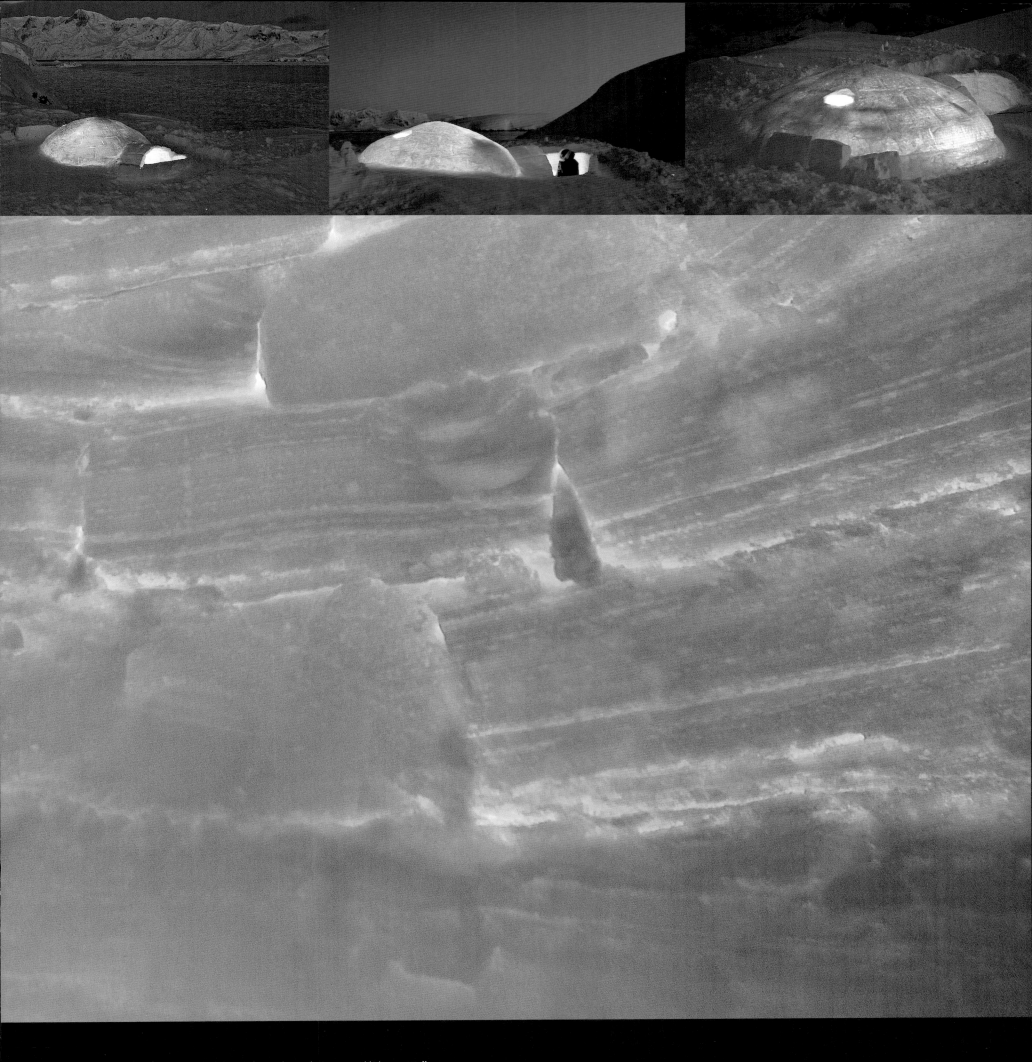

La neige en Antarctique n'a pas les mêmes propriétés que celle
de l'Arctique, et les couches de glace accumulées dans les blocs
de neige ne constituent pas un substrat idéal à la construction d'igloos.

Le temps file.
À chaque nouveau coup
de sablier, nous avons
l'étrange impression
que nous abandonnons
une partie de nous, ici,
confiée aux recoins
de cet environnement
qui aura changé
notre vision de la vie.

Mémoire de la Terre

Les amateurs de kayak de mer doivent maintenant chercher l'eau libre. Mais gare aux apparences : la glace est encore bien mince dans certains secteurs.

La glace a finalement recouvert toute la baie Sedna. Chaque jour, nous pratiquons le ski, la marche, la plongée sous-marine et même le foot et le hockey. Nos quotidiens ont retrouvé une certaine normalité, avec des cycles d'ensoleillement qui correspondent à ceux que nous vivons à la maison, en hiver, et l'intensité de l'astre solaire a complètement transformé nos activités et nos attitudes.

En ce mois d'août où nous vivons au rythme d'un hiver trop doux, nous poussons encore plus loin notre réflexion au cœur de notre aventure intérieure. Embarqués dans un extraordinaire exercice de réflexion, les membres de notre équipage s'interrogent aussi sur la vie. La leur, certes, mais, par transposition, celle d'une certaine humanité qui ne donne plus le temps au temps de faire son effet. Les films en préparation ne sauraient transmettre tous les aspects de cette expérience s'ils ne jetaient pas un regard sur les questionnements profonds et individuels de ceux et celles qui vivent ce voyage intime unique en son genre. Tel Gauguin en son île, nous posons la triple question, éternelle et lancinante : « D'où venons-nous ? Que sommes-nous ? Où allons-nous ? »

Au fil de l'exploration des territoires, extérieurs et intérieurs, nos images sauront transmettre la problématique criante des changements climatiques qui sévissent sous ces latitudes australes. Au cœur de cette immensité où tout a commencé, nous partageons la vie d'une faune gracieuse qui danse avec les marées. Les complaintes des animaux retentissent en nos cœurs, et le souvenir de leur chorégraphie touche et inspire. J'aime à croire que ces témoins des temps portent en eux la , transmise de génération en génération. De la vie d'hier, primitive et créatrice. De la vie de demain, plus évoluée, peut-être, mais vouée sans doute à une certaine forme de destruction. La faune, les paysages de début du monde, mais aussi la vie menacée par la dégradation des habitats, par les conséquences inévitables de nos actes sur l'ensemble de la planète, voilà certains aspects évidents des films que nous préparons.

Nous tournons beaucoup d'images, le regard fixé sur cette vie extérieure qui révèle tant de splendeurs. Nous tournons beaucoup d'images, le regard fixé sur cette vie intérieure en questionnement, fouillant nos âmes pour essayer de comprendre les sentiments qui nous habitent alors que nous sommes loin de tout, mais si près de l'essentiel. Peut-être n'y a-t-il que le temps et l'isolement pour oser pareil regard sur les valeurs de nos vies…

Peut-être n'y a-t-il que le temps et l'isolement pour oser pareil regard sur les valeurs de nos vies…

Peu de cinéastes ont eu la chance de vivre un hivernage en Antarctique. Les conditions de tournage sont souvent extrêmes pour permettre à une équipe de demeurer sur place aussi longtemps.

On ne sait jamais
ce qui se cache
dans les sombres
profondeurs
océaniques...

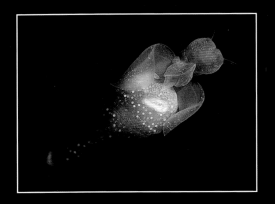

Le clione, une étrange créature
minuscule dont la forme et
les mouvements des ailes
rappellent le vol d'un ange.

L'onde de surface

Ce devait être un petit samedi bien simple. Nuageux, rien de particulier à l'horizon, un samedi comme nous en avons vécu souvent depuis les derniers mois. Rien de particulier avec la lumière, ni les vents. Pas de mouvement de glace ou de nuages inhabituels pour attirer le regard de nos cinéastes. Quand rien ne se passe en surface, mieux vaut concentrer ses efforts sur les séquences sous-marines. On ne sait jamais ce qui se cache dans les sombres profondeurs océaniques...

Mario et Serge ont pratiqué une ouverture dans la glace, à quelques mètres du voilier. Une porte d'entrée vers ce monde sombre et froid qui cache mille mystères. Un long câble relie les plongeurs à la surface où Mariano attend patiemment près de l'ouverture. Il doit veiller à ce que tout se déroule selon le plan de plongée prévu. En cas de pépin, il sera le premier à réagir, à chercher l'aide nécessaire pour secourir les plongeurs. Mais rien n'arrive jamais. À chaque plongée, Mariano passe plus d'une heure à surveiller le trou d'eau libre que le froid tend à refermer. Penché vers l'avant, il scrute

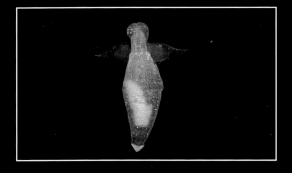

l'au-dessous, à quelques centimètres de l'entrée du gouffre. Mais rien n'arrive jamais. Surtout un samedi. Surtout quand le reste de l'équipage cherche en vain les activités dans cette journée qui n'a rien de particulier. Sous l'eau, Mario aimerait bien filmer des cliones, étranges créatures minuscules dont la forme et les mouvements des ailes rappellent le vol d'un ange. Mais encore faut-il les trouver ! La transparence de leur robe et la petitesse du ptéropode les rendent presque invisibles au milieu de ce bleu sans fin.

Puis, comme un long frisson indéfini qui monte le long du dos, une onde que l'on ressent, que l'on devine, une ombre fugitive, imperceptible, fait frémir l'eau. Rapidement, le regard cherche, mais en vain. Pourtant, les plongeurs n'ont pas de doute. Ils ont bien aperçu une silhouette, discrète mais réelle, dissimulée dans les sombres profondeurs de cet univers clos, barricadé par cette couverture de glace qui emprisonne. Il n'existe qu'une sortie possible, loin là-bas, au bout du câble qui se perd du regard, qu'une seule petite ouverture vers la liberté : le petit trou de glace.

En surface, Mariano attend patiemment près de l'ouverture entre ces deux mondes. Une onde soudaine annonce un mouvement vers la surface. Sans doute Mario ou Serge. Mais il n'a pas reçu le signal de remonter le câble, les trois petits coups secs sur la corde qui annoncent la remontée des plongeurs. Il se penche à nouveau vers le trou pour tenter de percevoir les silhouettes. Dans le noir profond, il cherche les bulles. Rien.

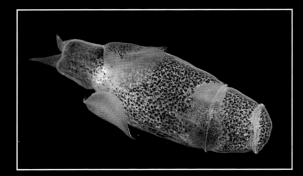

Les cténophores sont de curieux organismes gélatineux qui vivent dans les océans à travers le monde. Ils peuvent ingérer une proie de taille égale à la leur et la couper à l'aide des cils fusionnés dont est tapissé l'intérieur de leur bouche.

Ce ver polychète donne
l'impression d'être un monstre
à côté d'un de nos plongeurs.
Mais, en vérité, il est minuscule !
L'utilisation d'une lentille
macrographique fausse ici
la réalité.

Les plongeurs filment sous l'eau le phoque léopard qui, curieux, passe de plus en plus près de la caméra.

Serge est allongé à quelques centimètres du trou. Il récupère et décrit les charges répétées de l'animal, de moins en moins timide. Puis, sans prévenir, le phoque expulse sa tête énorme du trou

Quel culot quand même ! Aucune crainte, pas du tout intimidé par la présence de tous ces hommes qui, fascinés, continuent d'immortaliser ce moment mémorable.

Pourtant, l'onde en surface traduit bien un mouvement à proximité. Sans prévenir, une énorme tête fend la surface ! Le cœur de l'Argentin vient de s'arrêter. À moins d'un mètre de son visage, les crocs menaçants du phoque léopard, le plus redoutable prédateur de l'Antarctique…

L'équipe est appelée en renfort. Le phoque léopard s'amuse à faire la navette entre le trou des plongeurs et la petite ouverture d'eau libre qui s'est formée entre la banquise et la berge, là où l'une des amarres du voilier entretient l'ouverture dans la glace. Nous créons une diversion, le temps de rappeler les plongeurs. Mais la curiosité du prédateur persiste. Il continue ses allers-retours entre les deux cavités, comme pour épater la galerie. Près de la berge, il tente de monter sur la glace, sans doute intrigué par nos profils qu'il confond peut-être avec des phoques crabiers, une espèce qu'il attaque régulièrement. Il montre les dents et tente de charger vers les photographes. Il veut grimper sur la banquise, mais la petitesse de la sortie l'en empêche. Il abandonne, mais sa frustration rend son comportement de plus en plus agressif.

Il retourne vers l'autre trou, celui des plongeurs, et fonce à vive allure vers Mario et Serge. Ses passages de plus en plus rapides provoquent une vague de surface que nous pouvons sentir, attroupés autour de l'ouverture. La bête ne semble plus vouloir jouer. La voilà qui charge les plongeurs, toute gueule ouverte. Le moment est critique. Nous gardons tous en mémoire la triste histoire du décès d'une scientifique anglaise, entraînée au fond par un phoque léopard. Il est temps de rappeler Mario et Serge.

Attendant l'occasion, les plongeurs se propulsent rapidement hors de l'eau. En sécurité, ils racontent la rencontre mémorable qu'ils viennent de vivre. Serge est allongé à quelques centimètres du trou. Il récupère et décrit les charges répétées de l'animal, de moins en moins timide. Puis, sans prévenir, le phoque expulse son énorme tête du trou de glace. Serge roule sur le côté, le temps d'échapper à la gueule béante de l'animal. Quel culot ! Aucune crainte, nullement intimidé par la présence de tous ces humains qui, fascinés, continuent d'immortaliser la scène.

Nous avons continué de filmer et de photographier la bête. De l'extérieur, bien protégés sur notre parcelle de banquise, nous n'avons eu qu'à introduire la lentille de la caméra sous-marine dans le trou. Le phoque léopard s'est chargé du reste, embrassant l'objectif, mordillant même le contour de la lentille…

Ce devait être un petit samedi bien simple. Rien de particulier avec la lumière, ni les vents. Pas de mouvement de glace ou de nuages inhabituels pour attirer le regard de nos cinéastes. Juste une petite onde de surface. On ne sait jamais ce qui se cache dans les sombres profondeurs océaniques…

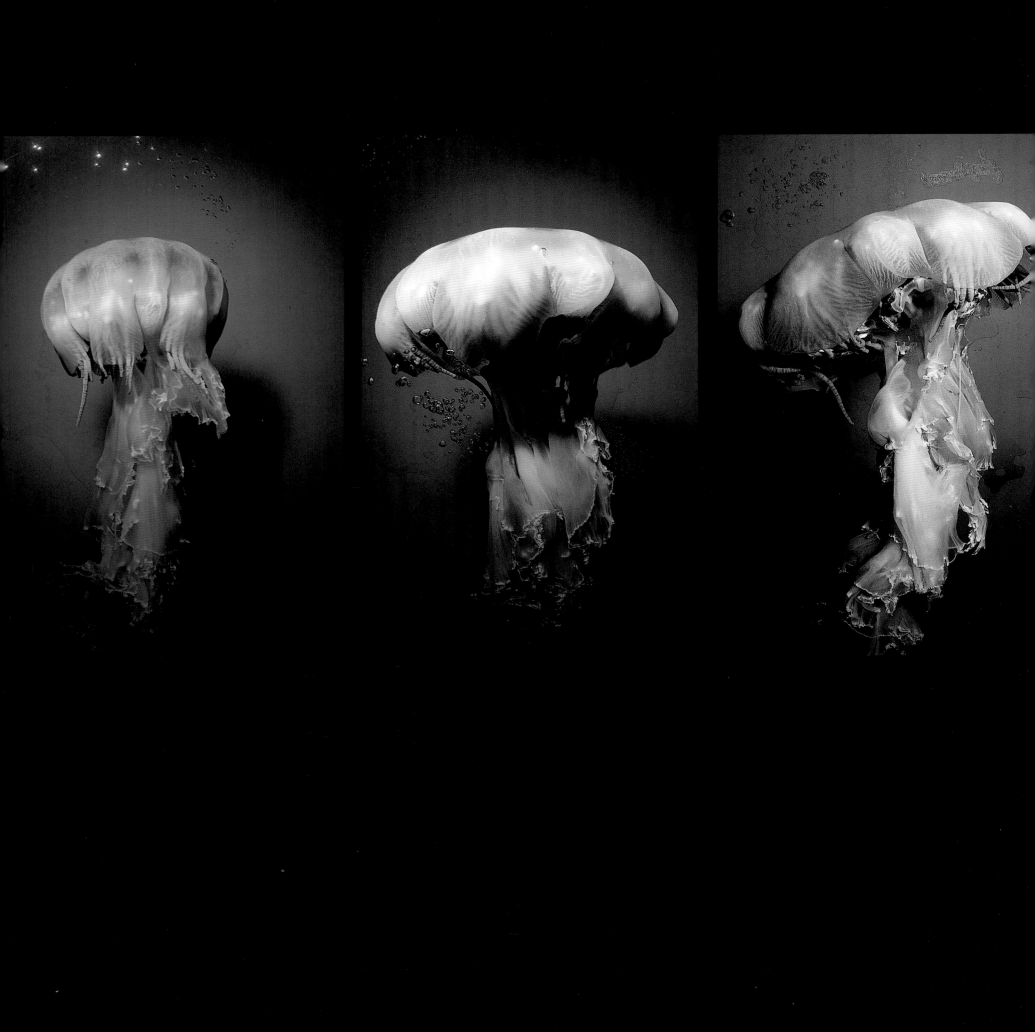

Une impressionnante méduse est venue danser devant la caméra de nos plongeurs, le temps d'immortaliser cette espèce de cloche contractile multicolore qui se nourrit à même la colonne d'eau.

La vie sous-marine en Antarctique offre, aux quelques privilégiés qui osent s'aventurer dans ce monde mystérieux, un spectacle d'une rare beauté.

La solitude

La glace est ce long chemin vers nos solitudes, vers une certaine sérénité intérieure que nous commençons à peine à apprécier.

Plus rien ne sera pareil dorénavant.

La solitude n'arrive pas toujours quand on est seul. En réalité, il y a plusieurs sortes de solitude, entre autres celle des lieux, des grands espaces. Difficile de choisir meilleur endroit que la baie Sedna pour ressentir ce type de solitude. Bien peu d'humains ont osé fouler cette terre de glace qui n'appartient qu'aux phoques, aux manchots et à quelques espèces d'oiseaux marins. Pourtant, nous, visiteurs éphémères de l'histoire de cette baie, nous recherchons l'atmosphère solitaire de ce lieu magique. Mais, les véritables solitaires du groupe le diront : il manque quelque chose…

Il y a la nuit, certes, qui marque de façon distincte une certaine solitude, une différence entre ceux qui dorment et ceux qui veillent. L'âme en veille est une prémisse essentielle à la solitude. Sur le pont de l'obscurité, je croise souvent ceux et celles qui cherchent en silence. La solitude seule inspire. La nuit comble une certaine forme de solitude, mais les véritables solitaires du groupe le diront : il manque quelque chose…

Puis il y a le groupe, les treize membres d'équipage de *Sedna*, reclus dans cette baie que la glace maintenant emprisonne, comme un renfermement incontournable sur nous-mêmes. Un seul groupe, en isolement complet, retiré. Un seul groupe, mais treize solitudes. Dans ce contexte de claustration, il serait normal de nous définir comme un groupe solitaire, reclus, mais les véritables solitaires le diront, ce n'est pas encore cela…

L'échappatoire de l'âme est beaucoup plus difficile que ce que les apparences peuvent laisser voir. La solitude des lieux ne signifie pas nécessairement la solitude de l'individu. Et la solitude d'un groupe encore moins. Nous sommes peut-être éloignés, seuls avec nous-mêmes, mais nous sommes rarement seuls dans notre individualité. La vie de groupe nous a retiré un certain choix. Ici, la microsociété, parce qu'elle est toute petite, oblige et force souvent l'horaire, l'activité, et donc le choix. Nous avons perdu le choix de choisir. Pour plusieurs d'entre nous, c'est une réelle révélation. La dernière chose à laquelle on s'attend en venant ici, c'est de souffrir d'un manque de solitude. Et pourtant…

Il n'y a pas de mots pour décrire les retombées personnelles d'une telle expédition. Pour la plupart d'entre nous, elle sera l'un des moments forts de notre vie. La sensation devant le spectacle de cette nature grandiose est indescriptible. Elle remplit d'un tel sentiment que les mots n'arrivent plus à décrire pareils instants. Dès lors, le regard porté sur la vie change parce que l'âme a été touchée, à tout jamais. Dans nos vies, plus rien ne sera pareil dorénavant. Nous sortirons transformés de cette expérience, plus forts, plus puissants. Le prix à payer, si minime soit-il, pourrait bien être dans ce sentiment inattendu éprouvé ici, dans ce manque de solitude que nous voudrons certainement combler au retour. À n'en pas douter, nous aurons besoin de retrouver un certain choix, et donc une certaine solitude que les autres, ceux et celles que nous avons laissés derrière nous, auront peut-être du mal à comprendre…

Un appel
de l'au-dessous

Superbe journée ! De la neige, beaucoup de neige. Pas moins de 20 cm de nouvelle poudreuse pour embellir encore davantage notre paysage de glace. J'en ai donc profité pour skier sur la glace du canal, seul, perdu au milieu de l'immensité antarctique avec, comme unique ambiance sonore, le bruit de mes skis qui soulèvent une neige légère et frivole. Puis, soudain, un son étrange, venu de nulle part. On croirait une radio à ondes courtes. L'onde sonore monte de plus en plus haut, jusqu'à la limite du perceptible. Puis une série de sons courts et sourds, comme des détonations, se font entendre. Je regarde autour de moi. Rien. Pas âme qui vive. Pas un mouvement à l'horizon. Je scrute les plages, les fonds de baie, je me retourne même pour être certain que personne ne me suit. Je suis bel et bien seul. Je réalise alors que le son vient de la glace, juste là, sous mes pieds. Un son de l'au-delà, un son de l'au-dessous. Étrange sentiment…

Je me déplace, je change de secteur, puis décide de faire une pause pour observer encore et toujours ce monde de glace qui m'entoure et m'ensorcelle. Devant ces fascinantes cathédrales immobiles aux reflets bleus et blancs, comment ne pas ressentir toute la puissance de cette nature vierge et indomptable ? Ce simple regard sur la simple beauté du monde déclenche alors une réflexion intérieure sur la puissance des éléments qui se dressent ici en mémoire du temps. Comme je suis petit, minuscule dans le décor et dans le temps, comme ce grain de neige qui atterrit sur l'immensité. L'humanité fait à peine partie de l'histoire de ce continent encore vierge. Qu'est-ce que 150 ans de visite et quelques milliers d'humains dans la vie de ce continent qui cumule des millions d'années d'histoires naturelles au cœur de cette glace silencieuse, de ce continent qui a vu neiger ?

Plongé dans mes pensées les plus profondes, je ressens la vie. Simplement, contemplativement. Puis une vibration soudaine, une onde sonore venue des profondeurs me tire de mon état méditatif. Il est de retour. En fait, il m'a suivi. Un phoque de Weddell s'amuse à m'accompagner, à m'escorter en secret, comme un espion, dissimulé sous la glace qui me supporte au-dessus de son domaine. Je suis l'étranger de l'au-delà, de l'au-dessus. Pour moi, il est l'étrange de l'au-dessous. Entre deux mondes, deux représentants du monde communiquent. Entre terre et mer, un simple échange de sons.

Nous sommes venus ici pour observer et tenter de comprendre cette partie du monde que nous connaissons à peine. Aujourd'hui, j'ai le sentiment que j'ai été plus observé qu'observateur. J'ignore si ce phoque a compris quelque chose dans mes comportements. Peut-être, comme moi, cherche-t-il à comprendre ce que je fais, qui je suis. Sa curiosité n'a d'égale que la mienne. Ni l'un ni l'autre ne semblent ressentir une quelconque menace venant de l'autre. Nous partageons le même territoire, dans le respect. Nous éprouvons même une certaine considération l'un envers l'autre. C'est du moins ce que je ressens devant notre hôte. Car ici, dans ce monde où la mer et la glace dominent, je ne suis qu'un visiteur de passage, un étranger de l'au-dessus.

Oui, il est possible de partager cette petite planète, de vivre en harmonie avec les autres formes de vie qui ne demandent qu'à vivre, comme elles l'ont toujours fait depuis des millénaires. Ce n'est qu'une question de respect et de bon voisinage. La récompense vient alors tout naturellement. Il suffit de laisser porter le regard vers toutes ces beautés naturelles qui nous entourent, ou encore d'écouter ce que la nature a de plus beau à offrir, après le silence…

Aujourd'hui, je n'ai pas vu celui ou celle qui chantait sous la glace. Peut-être n'était-ce que le fruit de mon imagination, ou encore les sérénades mystérieuses des sirènes des profondeurs. Imaginations auditives inspirées par tant de solitude ou appel de la nature ?

Comme je suis petit, minuscule dans le décor et dans le temps, comme ce grain de neige qui atterrit sur l'immensité.

Ainsi va la vie

Un phoque crabier se repose derrière la poupe de Sedna, estropié par la vie. Il récupère lentement de ses blessures. Chaque déplacement laisse couler sur le grand tapis blanc immaculé de la glace les traces de sa dernière rencontre avec un phoque léopard. Je vais le voir chaque matin, impuissant. Nous ne pouvons rien faire pour lui. La sélection naturelle l'a désigné parmi les millions d'autres de son espèce. Dans la vie telle que nous la connaissons ici, une lutte pour la survie s'impose.

Plus de 80 % des phoques crabiers portent des cicatrices. Plusieurs témoignent de leurs rencontres avec les phoques léopards. D'autres, plus mineures, viennent de ces altercations agressives entre représentants de la même espèce. Mais notre rescapé de la baie a certainement eu maille à partir avec le phoque léopard. Une partie complète de son flanc a été arrachée, exposant la chair rouge et vive. Les jeunes phoques crabiers âgés de quelques mois seulement, sont souvent victimes du grand prédateur de l'Antarctique. Les plus vieux y laissent aussi quelques morceaux sans doute suffisants pour combler une partie de l'appétit vorace d'une des plus belles et puissantes machines à tuer du Grand Sud.

La mort des uns permet inévitablement la survie des autres. C'est le principe de la chaîne alimentaire, de la pyramide de vie qui a permis aux écosystèmes de se perpétuer depuis la création de la vie sur cette planète. Nous sommes ici pour rapporter et comprendre les règles qui régissent la vie sous ces latitudes. Et les lois naturelles d'ici ne sont pas différentes de celles qui existent dans

notre jardin, dans la forêt, dans la rivière ou le ruisseau qui coule à proximité de nos demeures. Peu importe le lieu ou l'environnement, il y aura toujours des prédateurs et des proies, des vainqueurs et des victimes.

Finalement, notre phoque crabier a dormi, s'est reposé, a récupéré pendant sept jours. Puis, clopin-clopant, il a parcouru toute la baie de glace pour aboutir à la mer. Derrière lui, quelques gouttelettes écarlates laissées sur la moquette infinie de l'hiver rappellent que ses plaies n'étaient pas complètement guéries. Mais il semblait bien aller malgré tout.

À peu près tous les phoques crabiers sont des cicatrisés de la vie. En me permettant une analogie anthropomorphique, je dirais que nous le sommes tous. Certaines cicatrices, apparentes, témoignent de l'expérience acquise. D'autres sont cachées, enfouies. Mais on ne juge pas toujours la douleur à la grandeur de la plaie. Heureusement, comme dit Balzac : « Il est peu de plaies morales que la solitude ne guérisse… »

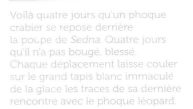

Voilà quatre jours qu'un phoque crabier se repose derrière la poupe de *Sedna*. Quatre jours qu'il n'a pas bougé, blessé. Chaque déplacement laisse couler sur le grand tapis blanc immaculé de la glace les traces de sa dernière rencontre avec le phoque léopard.

Malgré les nombreuses plaies qui recouvrent son corps, le phoque crabier semble récupérer tranquillement de son attaque. Du repos et un peu de neige pour se désaltérer lui feront le plus grand bien.

À peu près tous
les phoques crabiers
sont des cicatrisés
de la vie. En me
permettant
une analogie
anthropomorphique,
je dirais que nous
le sommes tous.

À la naissance, le jeune phoque de Weddell pèse déjà environ 30 kilos, et sa croissance est extrêmement rapide. Durant toute la durée de l'allaitement, la mère jeûnera et restera avec son petit.

Le jeune phoque de Weddell est actif dès sa naissance, s'époumonant même à tous vents pour signaler sa venue au monde.

Le miracle de la vie

Aujourd'hui, pour un jeune phoque de Weddell, c'est le grand commencement. Difficile de rester insensible devant cette boule de poils qui nous regarde, les yeux mouillés, se mordillant les patoches ou encore s'époumonant et annonçant ainsi sa naissance. Difficile de passer à côté : l'écho des glaciers porte en rappel la bonne nouvelle dans toute la baie. Il est probablement né hier, juste après la tempête. Il porte encore son cordon ombilical, et le placenta semble régaler le chionis blanc, l'oiseau vidangeur de la baie. Chacun ses goûts...

Notre nouveau-né pèse déjà près de 30 kilos ! Il faut dire que la mère est de taille impressionnante. Ce veau est aussi remarquablement gros pour sa première journée sur terre. Certes, sa fourrure semble un peu trop grande pour lui, mais il saura rapidement remédier à ce problème, ingurgitant des quantités gargantuesques de lait maternel. Un lait pour le moins enrichi, avec 42 % de matières grasses... La croissance du jeune phoque est très rapide dans les premiers jours suivant la naissance. Le bébé peut gagner jusqu'à 25 % de son poids corporel quotidiennement, soit environ 7 kilos chaque jour !

Durant cette période, pour chaque kilo gagné par le veau, la mère en perdra deux. Elle jeûnera durant tout le sevrage, qui dure de six à sept semaines. Le poids moyen d'une femelle au premier jour de la mise bas est d'environ 450 kilos. À la fin du sevrage, elle en aura perdu 150 !

Les jeunes phoques n'ont pas de gras isolant à la naissance, mais leur fourrure est très dense. En fait, ils possèdent déjà le même nombre de follicules pilosébacés (de la peau) qu'un adulte. Les poils sont donc très concentrés et permettent de conserver la chaleur de façon efficace. Le jeune phoque muera dans deux semaines, quand il aura développé une couche de graisse suffisante pour le protéger du froid.

Nous ne sommes plus seuls
dans notre petite baie. Nous avons
maintenant la compagnie
des phoques de Weddell,
qui commencent tout juste
à mettre bas.

Sorti d'un trou de glace, un mâle
s'est précipité vers une femelle.
Il a affronté tout ce qui
se trouvait sur son passage,
claquant des dents, les yeux
remplis de colère.

Pour maintenir l'ouverture
essentielle dans la banquise,
le phoque gruge littéralement
les parois de son trou en frottant
ses dents contre la glace.

Ce chionis blanc se régale
des restes de l'accouchement.
Cet oiseau vidangeur se nourrit
de tout ce qu'il trouve, même
des excréments des phoques et
d'autres oiseaux...

Où est passé l'hiver ?

Mi-triste, mi-content… Voilà comment on se sent après le passage de la tempête. Une tempête somme toute plutôt banale. Les vents ont soufflé fort durant la nuit, mais tout était déjà rentré dans l'ordre normal des choses au petit matin. Au large, les vents ont sans doute monté la mer de façon importante puisqu'il n'y a plus de glace dans le secteur. La banquise a disparu et, du sommet de la colline, l'eau libre s'étend à perte de vue.

En une seule tempête, notre paysage a rapidement pris des allures de printemps hâtif. Le mercure est constamment au-dessus du point de congélation, et cette nouvelle situation de glace nous inquiète. Il reste encore soixante jours avant notre départ de la baie, et notre petite banquise constitue notre passage obligé vers une certaine forme de liberté. La glace nous rend libres ! Libres de quitter le voilier quand bon nous semble ; libres d'enfiler les skis pour nous défoncer dans les sports d'hiver ; libres d'aller et venir au gré des humeurs et des sentiments. La glace est ce long chemin vers nos solitudes, vers une certaine sérénité intérieure que nous commençons à peine à apprécier. Perdre ce chemin vers la liberté risque de nous dérouter avant l'heure. Et nous nous répétons sans cesse que cette heure n'est pas encore arrivée… Mais en est-il vraiment ainsi ?

Cette transformation soudaine du paysage nous rappelle que la fin de la mission approche. C'est pourquoi nous ressentons cet étrange sentiment. Triste de voir tout cela s'achever, anxieux de reprendre bientôt une vie laissée en deuil après plus d'une année d'absence. Mais aussi content de sentir l'appel du large, de pousser la découverte du territoire, une dernière fois, avant le grand jour du départ. En une seule nuit, nos cœurs ont basculé devant ce paysage nouveau, comme si demain se présentait pour rappeler à hier qu'il est peut-être temps de laisser place au temps présent. Mais nous ne sommes tout simplement pas prêts, pas encore… Nous comptions sur septembre et octobre pour vivre l'hiver antarctique !

Il est bien sûr trop tôt pour établir des bilans. Peut-être sommes-nous victimes d'une simple vague de chaleur passagère et qu'il reste encore à l'hiver quelques bonnes semaines de froid. Mais j'en doute… Ici, en Antarctique, la glace sous-tend la vie. Les changements climatiques transforment la région et ceux qui la côtoient. Mais jamais je n'aurais pensé que les conséquences de ce climat en pleine transformation provoqueraient le soulèvement de sentiments aussi partagés qui, désormais, limitent le rêve et l'évasion de l'esprit. C'est fou ce qu'un peu d'eau gelée peut influer sur la vie. La nôtre, certes, mais aussi celle de tous les habitants de ce petit coin de paradis…

Nous comptions sur septembre et octobre pour vivre l'hiver antarctique !

La prudence est de mise lorsqu'on s'aventure sur la glace mince et fragile de notre baie.

Rusty

Jour 1

Un nouveau bébé phoque de Weddell a vu le jour à l'aube. Curieusement, il est beaucoup plus petit que les autres phoques naissants filmés au cours de la dernière semaine. Ses nageoires sont minuscules, et le jeune n'est pas tout à fait au même stade de développement que les autres nouveau-nés de la baie. Étrange…

Dès notre arrivée sur les lieux de la mise bas, nous avons constaté que quelque chose n'allait pas. Le bébé phoque, encore humide, tremblotait. Sa mère, distante, ne semblait pas vouloir s'occuper de son rejeton. Difficile d'assister à pareille scène… Nous avons pris nos distances et attendu un bon moment. Pour éviter tout dérangement, nous sommes partis filmer à l'autre extrémité de la baie. Rien à faire. De loin, nous avons vu la mère s'éloigner encore davantage de son jeune. De toute la journée, jamais il n'a reçu la tétée. Avant la tombée du jour, nous avons mesuré sa température à l'aide d'un thermomètre à infrarouge. Il ne semblait pas souffrir d'hypothermie. Pas encore. Les jeunes phoques peuvent augmenter leur métabolisme pour produire un surplus d'énergie pendant un certain temps. Cette mesure vitale est souvent utile quand les températures extérieures sont extrêmes. Mais l'allaitement demeure la seule chance de survie.

Nous ne possédons pas beaucoup de données sur la biologie des phoques de Weddell en période de mise bas (peu de scientifiques ont la chance d'hiverner en Antarctique), mais, à la lumière de ce que l'on sait sur les autres espèces de phoques,

LE DERNIER CONTINENT

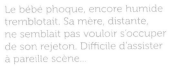

Le bébé phoque, encore humide tremblotait. Sa mère, distante, ne semblait pas vouloir s'occuper de son rejeton. Difficile d'assister à pareille scène…

on peut émettre certaines hypothèses pour expliquer l'abandon d'un bébé phoque par sa mère. Le plus souvent, il s'agit de jeunes femelles inexpérimentées qui en sont à leur première expérience de mise bas Dans le cas qui nous intéresse, il s'agit peut-être d'une naissance prématurée en termes de développement du fœtus, ce qui diminuerait de façon importante les chances de survie du bébé phoque et expliquerait l'abandon de la mère.

Jour 2

Nous étions impatients de connaître le sort du bébé phoque en difficulté que nous avons prénommé Rusty-le-Rouge. Au petit matin, nous arrivons donc au fond du canal, discrètement. Une tête se relève. La femelle est encore là. C'est déjà une bonne nouvelle. Puis nous localisons le bébé phoque. Il ne bouge pas… mais il respire. Sa fourrure est maintenant sèche, et il ne tremble plus. La mère n'est pas très loin. Moins loin qu'hier, mais quand même assez distante.

Un chionis blanc, oiseau charognard, vient se poser juste à côté du petit phoque endormi et commence à picorer ses nageoires. Le bébé réagit aussitôt. Il pousse un cri d'alarme. Devant les complaintes répétées de son jeune, la femelle charge le chionis de plein front. Une autre très bonne nouvelle ! La mère semble retrouver son instinct maternel et protège maintenant son rejeton. Mais elle ne l'a pas encore tout à fait. Dans son attaque contre le chionis, elle a presque écrasé son petit avec ses 450 kilos de muscle et de gras… L'oiseau opportuniste aura tout de même réuni la mère et son jeune qui, maintenant, réclame à grande voix sa ration de lait maternel. La femelle ne semble pas trop savoir comment se positionner. Le bébé insiste, se rapproche du ventre de sa mère, puis cherche en vain les mamelles. Il examine, fouille, explore, scrute le poil avec sa gueule sur tout le ventre. La mère, indifférente, ne fait aucun effort pour l'aider dans sa tâche. Elle décide même de s'éloigner un peu.

De loin, nous avons vu la mère s'éloigner encore davantage de son jeune. De toute la journée, jamais il n'a reçu la tétée.

Le jeune porte encore
son cordon ombilical.
Il présente toujours un certain
retard de développement,
mais il s'accroche à la vie.

L'instinct maternel semble
se développer avec le temps,
et les liens entre la mère
et son jeune sont maintenant réels.

Nous observons la scène, blottis derrière un mur de glace. Nous voudrions intervenir, mais ce n'est certainement pas notre rôle. Pendant des heures et des heures, nous avons assisté, impuissants, aux tentatives du jeune pour réussir la tétée. Rien à faire. Le bébé phoque a tout essayé. Il a tété dans le cou, sur les flancs et même dans le dos. Pas une seule fois, il n'a été en mesure de se rendre jusqu'aux mamelles… S'il ne trouve pas rapidement le mode d'emploi, s'il ne parvient pas à se nourrir du lait maternel d'ici quelques heures, il mourra…

Jour 5

Nous continuons de suivre quotidiennement l'évolution de Rusty. Il y a deux jours, lors d'une rançonnée de routine, nous pensions bien que sa dernière heure avait sonné. Il avait recommencé à trembler, enseveli sous une neige que les vents froids poussaient en rafales. La mort semblait avoir un net avantage sur la vie, et nous ne sommes pas intervenus.

Ce matin, sous un soleil de plomb, nous sommes retournés pour vérifier son état, convaincus que le bébé phoque n'avait pas survécu au froid de la nuit. Surprise ! Il était toujours vivant, et plus en forme que jamais. Ses tremblements avaient cessé, et il tentait inlassablement de trouver les mamelles d'une mère maladroite, mais de plus en plus présente. L'instinct semble se développer avec le temps, et les liens entre la mère et son jeune sont maintenant réels. Il présente encore un certain retard de développement, mais il s'accroche à la vie. En vingt-quatre heures, la situation s'est complètement transformée. Après l'épisode d'une mort annoncée, voilà que la vie semble maintenant vouloir l'emporter…

Nous avons passé des heures et des heures à l'observer, le regard accroché au moindre mouvement, attendant la tétée comme des voyeurs. Cachés, dissimulés derrière un mur de glace ou carrément visibles pour provoquer la réaction, nous avons trembloté à notre tour sous l'effet de l'inactivité. Il est difficile de croire que le jeune ne se soit jamais nourri. Il serait probablement mort depuis un certain temps déjà. Mais il ne s'alimente vraiment pas comme les autres bébés phoques de la baie qui, à intervalles réguliers, tètent leur mère plusieurs fois par jour. Mystère…

Jour 6

Il fallait bien que la nature nous réserve un petit cadeau pour souligner l'anniversaire de la mission. Après tout, voilà maintenant une année que nous tentons de dévoiler une partie de sa beauté, que nous témoignons de sa fragilité. Ce fut un beau cadeau : le bébé phoque a commencé à se nourrir ! Ses journées vont donc retrouver une certaine normalité : dormir, téter, dormir… Il accuse toujours un certain retard de croissance, mais c'est un batailleur et il a de l'énergie à revendre. Merci la vie !

Aujourd'hui, en ce jour de pleine lune, nous avons redoublé d'efforts pour tenter de filmer une naissance de phoque de Weddell. Une des femelles semble vraiment sur le point de mettre bas, mais il est impossible de filmer à cause des mauvaises conditions climatiques.

Pendant des heures et des heures, nous avons assisté, impuissants, aux tentatives du jeune pour réussir la tétée.

Il faut du temps,
de l'isolement et
du recueillement
pour retrouver
le chemin qui
mène à l'essentiel.

365ᵉ jour

Nous en sommes au 365ᵉ jour de la mission. Une année complète s'est écoulée depuis que nous avons largué les amarres, depuis que nous avons abandonné nos familles, nos amours, nos amis, restés derrière, sur le quai des solitudes. Jamais je n'aurais pensé que la vie nous aurait tant offert. Une année de découvertes, de voyages au cœur de cette planète fragile, visiteurs choisis pour raconter ce qu'elle a de plus beau à offrir. Aujourd'hui encore, j'ai regardé la lumière de cette fin de jour enrober les sommets enneigés de l'île Brabant et je n'ai pu m'empêcher de penser à ce privilège extraordinaire. Tant de beautés influencent le regard que l'on porte sur la vie, sur ce que nous sommes et, surtout, sur ce que nous pourrions être. Il y a eu l'Atlantique, du nord au sud ; les quarantièmes rugissants, les cinquantièmes hurlants, les soixantièmes grondants ; les îles Malouines et l'île de Géorgie du Sud ; le cap Horn et finalement l'Antarctique, le dernier continent vierge de la planète.

Durant cette année, nous avons constaté la fragilité de cette planète. Nous avons vu comment nos actions sont en train de transformer la vie. Ne tuons pas la beauté du monde. Laissons aux générations futures le droit et le privilège d'apprécier, à leur tour, la générosité d'une nature inspirante, abondante, génératrice de rêves et de passions. Le rêve de l'humanité est fait de lumière, de liberté, de respect et de passion. N'ayons pas peur de rêver, car c'est souvent dans le rêve que l'on découvre les véritables beautés cachées.

Durant cette année d'expédition, il y a surtout eu ce voyage intérieur, inspiré par l'isolement et le temps. Un voyage au fond de nous, à la recherche d'une autre forme de beauté. La découverte de l'explorateur ne peut se limiter aux paysages et aux lieux. Au fil de l'aventure, le regard se tourne inexorablement vers ce qui se cache au fond de soi, dans les précipices intérieurs, dans les crevasses de l'âme. Le sommet de la montagne intérieure est souvent le plus difficile à atteindre, car la route pour y accéder est parsemée d'embûches, d'obstacles que nous accumulons sur la longue route de la vie. C'est pourquoi il faut du temps, de l'iso-lement et du recueillement pour retrouver le chemin qui mène à l'essentiel.

Une année d'expédition, c'est aussi un fort prix à payer pour ceux et celles qui sont demeurés sur le quai, qui sont toujours avec nous, dans nos cœurs, et le plaisir de nos retrouvailles ne saurait exprimer à sa juste valeur toute la gamme d'émotions que les seules images en souvenir ont inspirée dans notre quotidien. Chacun, chacune fait partie de ce voyage intérieur, et l'attente du retour ne saurait qu'attiser encore davantage la flamme qui nous consume déjà. La passion dans l'amour, dans l'amitié, devrait, en théorie, s'enrichir d'une telle transformation de l'âme. Mais en sera-t-il ainsi, maintenant que nous avons changé ?

Ce 365ᵉ jour d'expédition ne fait pas que dans la beauté. Curieusement, peut-être pour nous protéger de nous-mêmes et des vents contraires soulevés par nos tempêtes intérieures, nous avons volontairement mis de côté, jusqu'à aujourd'hui, une certaine facette de nos vies. Personne ne voulait vraiment parler de ce qui l'attendait au retour. Personne n'a jamais voulu se questionner sur le prix réel de cette fuite, de cet abandon planifié. Aujourd'hui, sans trop savoir pourquoi, sous le simple prétexte de ce jour anniversaire, nous acceptons de regarder devant. Nous devons désormais préparer ce retour qui ne sera pas de tout repos.

Nous avons changé. L'isolement imposé a transformé notre vision de la vie, et peut-être même nos valeurs. Les personnes que nous aimons nous manquent. Pas comme au premier mois, ni comme au sixième, ni même comme au onzième mois. C'est cette date qui frappe de plein fouet, comme un mur imprévu qui se dresse sur la route de nos avenirs : un an ! Une année loin de ceux et celles que nous aimons. Une année à se questionner sur ce que nous sommes. Une année… Plus rien ne sera pareil désormais. Le regard que l'on porte, le jugement que l'on rend, les valeurs que l'on défend, tout est plus clair dorénavant. Non pas que l'on sache vraiment ce que l'on veut, mais peut-être savons-nous davantage ce que nous ne voulons pas.

Toujours aussi belle et chaude, la lointaine flamme d'hiver continue de réchauffer les âmes par les jeux d'ombres qu'elle offre à ceux et celles qui savent aller puiser à même ses rayons furtifs.

Quand la lumière du jour se dévoile, elle révèle les mille facettes de la glace qui scintillent comme des diamants.

Équinoxe

Le passage du soleil à l'équateur uniformise le jour et la nuit, et tous les peuples de la Terre profitent d'une même journée. Aujourd'hui, d'un cercle polaire à l'autre, la durée du jour égale celle de la nuit. C'est l'équinoxe. N'est-il pas rassurant de savoir que l'énergie naturelle de cette planète peut se partager équitablement entre tous les pays du monde ? Les guerres et les querelles entre les pays découlent souvent d'un conflit d'énergie. Pour cette simple raison, nous devrions déclarer les équinoxes « jours de paix obligatoire ».

Le soleil représente une formidable source d'énergie. Ici, nous sentons cette vitalité poindre en nous quand les chauds rayons caressent nos visages, quand une chaude lumière remplit le carré d'équipage au matin. Comment ne pas ressentir la force de cette lumière céleste quand le petit matin enfile sa plus belle robe et qu'il dispense au ciel et à la glace ses teintes rubicondes ? Quand « l'Aurore avec ses doigts de rose entr'ouvre les portes dorées de l'Orient », phoques, sternes, cormorans et goélands, vermillonnés par cette lumière nouvelle, chantent l'arrivée d'un jour naissant. L'éveil de la vie est désormais réservé aux lève-tôt, puisque le soleil franchit maintenant la ligne d'horizon sur le coup de 6 heures. Le 15 novembre prochain, jour présumé du départ, il se lèvera à 2 h 50.

À mesure que la nuit perd du terrain sur le jour, les sombres intentions s'effacent peu à peu pour céder du temps à l'âme de l'aube. Dans la nature, à chaque jour nouveau, l'aurore annonce une résurrection, une renaissance de la vie. Parallèlement, après chaque long voyage intérieur, l'aube pointe toujours à l'horizon pour éclairer la route vers l'essentiel. Rien n'est plus exaltant qu'un éveil, qu'un retour à la vie après un passage en obscurité. Et quand viendra le temps de retrouver l'autre monde, au franchissement de l'équateur, ceux et celles qui ont vécu les pénombres de l'hiver antarctique

sauront sans doute reconnaître les lueurs intérieures de cette aube nouvelle. Car on ne revient pas inchangé d'un tel voyage.

Nous quitterons le printemps antarctique pour rejoindre un hiver que nous connaissons bien. Mais l'été d'ici ressemble à l'hiver de là-bas. Le soleil est le même partout et il se donne généreusement sur tous les visages du monde. Pourtant, nos repères auront changé, et je doute que ses caresses aient le même effet sur la peau. Ce sera le même soleil, mais le regard que nous porterons sur lui sera différent. Ici, au large, il se lève sur la mer, entre deux glaciers, dans un ciel pur et sans fin. Là-bas, dans nos villes, ce sera entre deux immeubles, au-dessus d'une usine, ou encore dans le smog urbain.

Notre printemps débute, et le jour continuera de voler du temps à la nuit. La noirceur s'achève, comme ce long voyage au bout de la nuit. L'énergie nouvelle de ce printemps antarctique doit maintenant s'emmagasiner en réserves précieuses, dissimulées au plus profond de nous, avec les images, les souvenirs et les mémoires du temps. Nous en aurons besoin, pour ne jamais oublier la force silencieuse de la beauté du monde.

La nuit, la lune illumine les paysages de l'Antarctique et fait ressortir toutes les beautés du continent de glace.

Pudeur animale

Nous vivons au milieu d'une véritable pouponnière de phoques ! Nous en sommes maintenant à onze bébés phoques. Impossible de faire un tour sans tomber sur une mère et son petit. Nous n'avons toujours pas réussi à filmer une mise bas. Nous sommes arrivés à quelques minutes de notre objectif ultime, après une tournée de reconnaissance. Mariano avait été envoyé en éclaireur, et rien ne semblait annoncer une naissance chez les femelles gravides de la baie. Pascale est allée faire une randonnée à skis et... Vlan ! En moins de temps qu'il ne faut pour appeler l'équipe caméra, la femelle avait donné naissance au onzième bébé phoque de la baie. D'autres nouvelles femelles se sont installées sur la glace au fond du canal, et nous continuerons de les surveiller de près. Nous gardons espoir.

Ce matin, après un inventaire exhaustif des bébés phoques présents, nous avons entendu un souffle à travers les glaces. Une nouvelle femelle semblait impatiente d'aller rejoindre les autres sur la petite pointe de terre qui sert d'aire de repos pour les nouvelles familles. Martin s'installe et commence le tournage. La femelle nous a vus, mais elle ne se soucie guère de notre présence. Elle est énorme et, à n'en pas douter, elle donnera naissance très bientôt. Confortablement allongée sur la glace, elle se repose, bouge un peu les nageoires arrière pour dévoiler une vulve béante. Elle est prête ! Débute alors l'attente...

Nous avons déjà passé des jours à attendre ainsi, mais cette fois, nous y croyons, nous sommes confiants. En examinant bien la partie inférieure de son corps, nous arrivons même à déceler le mouvement du fœtus. Formidable ! Le miracle de la vie est sur le point de se révéler devant nos yeux. Cela

ne devrait plus tarder. Nous avons même amené François, le doc, que nous harcelons de questions. Calme, le doc répond toujours la même chose : « C'est imminent... ». Il devrait savoir après tout, il a réalisé des tonnes d'accouchements. Mais il ne cesse de nous répéter qu'il ne connaît rien aux phoques. « Mais une naissance demeure une naissance, non ? » Selon le doc, il paraît que les signes annonciateurs d'un accouchement varient d'une espèce à l'autre. Là-dessus, je ne peux que le croire, car nous avons attendu pendant plus de dix heures sans que rien ne se passe. À chaque nouveau mouvement, à chaque nouvelle oscillation du bassin, nous préparions la caméra. Rien, toujours rien... « Qu'est-ce que t'en penses, doc ? » « C'est imminent... », qu'il nous répétait.

Nous avons patienté jusqu'à ce que le jour ne soit plus qu'un souvenir, jusqu'à ce que toutes les batteries de la caméra aient rendu l'âme au froid. Immobiles pendant des heures, certains d'entre nous ont aussi souffert du froid pénétrant de cette sombre journée humide. J'ai décidé d'abandonner, encore une fois. Après tout, les caméras ne fonctionnaient plus, et il aurait été frustrant d'assister à la scène tant espérée sans pouvoir l'immortaliser.

Nous sommes retournés à la pouponnière de phoques, convaincus que la femelle gestante avait donné naissance. Le doc avait pourtant prédit une naissance « imminente ». Eh bien, nous avons retrouvé notre femelle, seule, toujours dans un état de mise bas « imminente »... Nous l'avons laissée en paix, loin des regards indiscrets, et rien dans son comportement ne semblait indiquer l'arrivée « imminente » de Son Éminence, Bébé Phoque, douzième du rang...

Nous n'avons pas réussi à filmer une mise bas. Mariano avait été envoyé en éclaireur et rien ne semblait annoncer une naissance. Pascale est allée faire une randonnée à skis et... Vlan ! le petit était né.

« Qu'est-ce que t'en penses, doc ? » « C'est imminent... », qu'il nous répétait.

Cette femelle phoque de Weddell devrait mettre bas bientôt. C'est imminent ! Pascale prend des mesures de température à l'aide d'un thermomètre à rayons infrarouges.

Vers le Nord

Nous venons de franchir la barre psychologique des cinquante jours avant notre départ de la baie Sedna. Incroyable et, surtout, irréel. Je vois encore notre arrivée ici, au lendemain de cette tempête qui a failli tout gâcher, quand Éole nous harcelait sans relâche, comme pour vérifier notre endurance avant le long hiver antarctique. Tout cela me semble encore hier, et pourtant… Voilà venu le temps de préparer le voilier pour son long voyage de retour, pour sa lente remontée de l'Atlantique.

L'arrivée des manchots sonnera l'heure du départ de la péninsule. Puis nous rejoindrons le pays des albatros qui, planant entre les longs rouleaux des cinquantièmes grondants puis des quarantièmes rugissants, accompagneront le voilier pendant des jours. Les premiers dauphins à la proue guideront le navire vers le nord et ils marqueront une étape déterminante dans nos cœurs. Les dauphins nous ressemblent. Difficile d'exprimer cette symbiose entre le marin et le dauphin. Nous partageons les mêmes océans, les mêmes vagues, et l'attirance et la fascination semblent réciproques.

À mesure que nous accumulerons les milles nautiques et les latitudes, nous sentirons une vague de chaleur monter en nous. Elle sera réelle, extérieure, et sans doute suffocante par moments quand nous rejoindrons l'été austral. Mais elle sera aussi intérieure et étrange à mesure que nous nous rapprocherons des êtres que nous avons laissés derrière nous. Puis, ce sera le premier contact avec la civilisation, avec cette première ville, ce premier port. Nous avons choisi Mar del Plata, en Argentine,

comme première escale. Pour plusieurs d'entre nous, ce sera la fin d'un long voyage, dans tous les sens du mot.

L'avion attendra ceux et celles qui doivent rentrer. Les autres, les plus chanceux, repartiront sur la mer chaude et bleue qui les bercera jusqu'à la maison. Il reste moins de cinquante jours avant le départ de la baie Sedna, soit juste un peu plus de mille heures pour emmagasiner les souvenirs, saisir les odeurs, entendre le silence et nous enivrer de cette beauté fragile qui nous a tant inspirés, qui nous a menés vers l'essentiel besoin de voir avec des yeux différents.

Moins de cinquante jours avant de lever l'ancre pour sentir la longue houle nous bercer dans la nuit, le vent caresser nos gueules cuivrées et le sel s'incruster dans les pores de nos bouilles que la vie aura marquées à jamais du sceau du Grand Sud. Une année de plus qui marquera nos faciès d'une manière sans doute différente, car cette année en vaut bien dix pour ce qui est du cheminement intérieur. Les rides s'accumulent en surface, mais elles cachent peut-être une beauté intérieure insoupçonnée, que seuls le temps et l'isolement auront permis de dévoiler. Nous ne nous demandons pas encore s'il en est bien ainsi, trop occupés à savourer les derniers moments que la vie nous offre, en privilégiés que nous sommes. Pour que se réalise cet équilibre essentiel entre le présent et ce futur qui sera si différent, pour réconcilier l'avant et l'après, nous avons besoin de vivre intensément les préparatifs du départ annoncé.

Les glaciers qui nous entourent éclatent de pureté sous un soleil de plus en plus présent et réconfortant. Cette énergie nouvelle agit sur le moral des troupes et nous stimule. C'est le printemps !

Pour réconcilier l'avant et l'après, nous avons besoin de vivre intensément les préparatifs du départ annoncé.

Sedna pointe sa proue
vers le Nord, anticipant
déjà le départ prochain.
Les nuits sont courtes,
et les températures froides
de cet hiver nocturne ne
suffisent plus à maintenir
la glace autour du bateau.

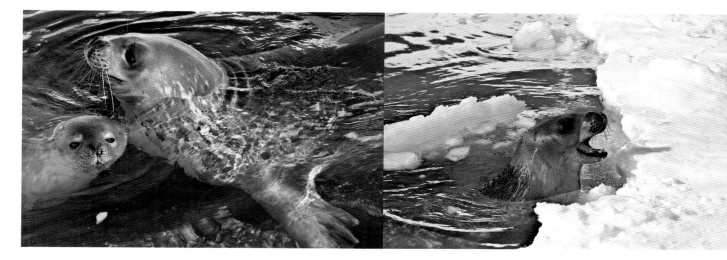

La glace dans le secteur de la pouponnière des phoques de Weddell se disloque rapidement. Les jeunes, de plus en plus autonomes, s'amusent entre la mer et la glace.

Un silence éloquent...

L'inspiration est ainsi faite : une impénétrable discrétion et un silence absolu.

La journée a débuté par une plongée pour filmer la baignade de nos amis les phoques de Weddell. Wally a donné le meilleur de lui-même et il a encore volé le spectacle dans les trous de glace. Nous avons établi une relation exceptionnelle avec ce bébé phoque et sa mère. Curieux, sans crainte, ils interagissent avec nous, comme si nous faisions partie du décor, comme si nous étions maintenant intégrés dans leur monde. La veille, Martin, Mariano et moi sommes demeurés à la pouponnière pour filmer en pixellisation notre baie de glace qui n'en a plus pour très longtemps avec le redoux printanier. Confortablement installés sur la banquise, nous avons savouré le moment, écouté et entendu le silence. Un silence éloquent...

Je demeure sans mots pour décrire la pureté de ce moment. Immobiles, nous respirons à peine, le regard accroché au plus haut sommet de l'île Brabant qui s'offre en teintes de bleu, de mauve, puis de violet. Les derniers rayons du jour veulent s'incruster dans les aspérités du glacier, dans les interstices de cette glace millénaire, mais ils doivent s'esquiver devant les ombres rapides et fuyantes qui devancent la nuit noire. Dans le silence et la solitude de cette obscurité grandissante, une lune incomplète se lève pour narguer la noirceur. Nous rentrons au voilier, suivis par nos ombres, que la simple lueur lunaire détache contre l'immaculée banquise. Le crissement de nos pas sur la neige sèche résonne dans la baie, puis se répète en écho à travers le temps. Sans mot dire, nous rentrons au voilier, inspirés par cette immensité. L'inspiration est ainsi faite : une impénétrable discrétion et un silence absolu. Nous aimons cette intangible substance, ce rien, cette absence qui nous inspire, qui agit et se manifeste.

Nous reprenons notre trajet, un parcours qui ne peut s'accompagner de paroles. Déjà, le simple bruit des pas sur la neige semble de trop. L'esprit capte pourtant les soupirs intérieurs, ceux qui en redemandent et qui ne veulent pas que tout cela se termine. Nous ne retrouverons plus ce silence. Ici, même la romance du vent dans les feuilles des arbres n'existe pas. Pas plus que ces sons que nous avons créés et qui nous empêchent maintenant de voir et d'apprécier.

Nous emmagasinons nos réserves de silence pour le long voyage de retour. Soudain, un fracassement sourd crève la nuit neuve. Un autre mur de glace vient de céder sous la pression du temps, sous les assauts de ce climat qui attaquent sournoisement les cathédrales naturelles de glace érigées en mémoire d'une époque révolue. Une autre image à tout jamais envolée, perdue. Le décor change si rapidement qu'il nous sera impossible de retrouver l'intégralité de ces lieux, un jour, quand nous reviendrons peut-être en visiteurs. Le climat aura transformé la place. D'autres viendront pour louanger la beauté de cette nature, mais ils ne sauront rien sur l'état des choses avant le grand bouleversement. Nous portons un regard sur une nature déjà transformée. Personne ne sait ce qu'il en était, et personne ne saurait prédire ce qu'il en sera, car tout change trop rapidement. Nous sommes rentrés au voilier, sans mot dire, dans le silence et la solitude de la nuit. Un silence éloquent...

Sa Majesté l'Empereur

Nous avons eu une surprise aujourd'hui. De la grande visite, de la visite royale ! Monsieur l'Empereur de l'Antarctique en personne s'est présenté dans la baie durant l'heure du lunch, juste au moment où nous dégustions notre repas sur le pont de *Sedna*.

Quel oiseau magnifique ! Les lignes de sa robe sont pures, et sa démarche le rend irrésistible. Quand nous avons vu sa longue silhouette se profiler contre l'horizon, l'adrénaline est immédiatement montée en nous. Les manchots empereurs ne sont que de rares visiteurs autour de la péninsule antarctique, et une rencontre avec le plus grand des manchots n'était que pure rêverie.

Nous avons pu nous approcher du formidable oiseau qui mesure jusqu'à 115 cm de haut et peut peser jusqu'à 38 kilos. Nous avons croisé son regard, écouté son cri nasillard se propager dans la baie et immortalisé ce précieux moment avec nos caméras. Pendant plus de deux heures, nous avons courtisé le plus impressionnant symbole de l'Antarctique. Immobile, l'empereur des lieux nous observait à son tour, sans crainte aucune, peut-être fasciné lui aussi par ces étranges créatures bipèdes qu'il voyait probablement pour la première fois.

Les manchots empereurs méritent toute notre admiration. Ils nichent sur la banquise, en hiver, dans de terribles conditions. Le cycle de reproduction commence au début de l'hiver austral, en mars ou avril, dès que la glace de mer peut supporter les oiseaux à la colonie. En ce début d'hiver, les adultes ont emmagasiné des réserves suffisantes pour relever le plus grand défi de leur cycle vital. À ce stade, les adultes pèsent jusqu'à 10 kilos au-dessus de leur poids normal. Ils sont alors prêts à se reproduire.

Mâles et femelles se courtisent en grande pompe. Danses nuptiales et chants de reconnaissance sont au cœur de cette grande opération de séduction. Les couples se forment et, en mai ou au début de juin, la femelle pond un œuf, un seul. C'est à ce stade que le chant de reconnaissance prend toute son importance. La femelle devra pouvoir retrouver son partenaire, à qui elle confie l'incubation de l'œuf qui durera entre 62 et 66 jours, lorsqu'elle reviendra prendre la relève du mâle. Une fois l'œuf transféré, la femelle retourne à la mer pour reconstituer ses réserves. Débute alors l'une des plus impressionnantes leçons de survie du règne animal. Nous sommes au cœur de l'hiver, dans le froid et l'obscurité antarctiques, quand soufflent les tempêtes les plus terribles. Les mâles se regroupent et se blottissent pour se protéger du vent. L'œuf est conservé sur leurs pattes. Une petite poche incubatrice protège l'œuf du vent et du froid. À l'éclosion, deux mois plus tard, le mâle aura perdu jusqu'à 45 % de sa masse corporelle.

Le bébé manchot doit recevoir un premier repas s'il veut survivre. Le mâle puise alors dans ses dernières réserves et régurgite une sécrétion riche en protéines et en matières grasses qu'il garde dans son jabot. Cette première ration devrait permettre au petit de survivre jusqu'à l'arrivée de la femelle qui, la panse pleine, revient à la colonie, accompagnée des autres femelles. Débute alors une véritable cacophonie de chants de retrouvailles. Chaque couple possède une signature sonore qui permet de reconnaître le partenaire respectif. La femelle, après avoir retrouvé son mâle, prend en charge son rejeton qui reçoit

son premier repas véritable. Le mâle, qui n'a pas mangé depuis plus de 115 jours, peut enfin entreprendre la longue marche qui le mènera à la mer. Cette marche de l'empereur, qui peut durer plusieurs jours et s'étaler sur plus de 100 kilomètres, représente un autre défi de taille pour les mâles affamés, au bout de leurs réserves.

Les femelles nourrissent leur bébé pendant quelques semaines, permettant ainsi aux mâles de reconstituer leurs réserves afin de prendre la relève. Mâles et femelles alternent ainsi jusqu'à ce que le jeune manchot, alors âgé de cinq mois, atteigne son autonomie. En décembre, lorsque la banquise se fracture, les jeunes se regroupent aux abords de la glace. Ils devront maintenant affronter la mer et trouver leur propre nourriture. Il n'est d'ailleurs pas rare de voir rôder le phoque léopard à proximité…

Notre visiteur inattendu n'a pas donné d'explications pour justifier sa présence parmi nous. Il peut s'agir d'un adulte en pleine reconstitution de ses réserves avant le retour à la colonie, ou d'une femelle qui a perdu son œuf, ou encore d'un manchot immature qui n'est pas encore engagé dans le grand défi de la reproduction. La maturité sexuelle des manchots empereurs n'est atteinte que vers l'âge de quatre ans. La colonie la plus proche est située beaucoup plus au sud, sur les îles Dion, près de la base britannique de Rothera. Mais il s'agit d'une exception puisque seulement quelques couples nichent à cet endroit, sur la terre ferme. La très grande majorité des colonies de manchots empereurs ont été répertoriées sur la banquise.

La rencontre exceptionnelle avec le grand empereur de l'Antarctique demeurera l'un des plus précieux souvenirs de notre expédition. Ce n'est pas tellement l'oiseau. Ce n'est pas non plus la rareté de l'observation. C'est plutôt le moment, l'ambiance, et ce silence qui prend tout son sens, au milieu de cette banquise fragile. Un silence entrecoupé par sa longue et puissante complainte que les parois des glaciers répètent dans un écho sans fin. Un moment de pure magie…

Le manchot empereur mesure jusqu'à 115 cm de haut et peut peser jusqu'à 38 kilos. Nous avons croisé son regard et écouté son cri nasillard se propager dans la baie.

Les manchots empereurs sont particulièrement bien adaptés pour survivre aux froids extrêmes. Ils nichent sur la banquise en hiver, dans de terribles conditions.

Nous avons courtisé le plus impressionnant symbole de l'Antarctique. Immobile, l'empereur des lieux nous observait à son tour, sans crainte aucune, peut-être fasciné lui aussi par ces étranges créatures bipèdes.

Les extrémités des glaciers, faites d'une glace bleue et millénaire, sont sculptées par la patience du temps...

La glace des icebergs contient aussi des bactéries d'une autre époque, surgelées, qui font l'objet d'études génétiques.

Au cours des cinquante-cinq dernières années, la banquise s'est formée de plus en plus tard à l'automne, et elle s'est disloquée de plus en plus tôt au printemps.

29 millions
de kilomètres carrés

Le Programme des Nations unies pour l'environnement (PNUE) et l'Organisation météorologique mondiale (OMM) viennent de révéler que le trou dans la couche d'ozone au-dessus de l'Antarctique atteint maintenant 29 millions de kilomètres carrés (11 millions de milles carrés), soit un diamètre tout près du record enregistré en 2000.

Les basses températures enregistrées en altitude enclenchent une série de réactions chimiques qui brisent les différentes couches atmosphériques qui nous protègent contre les dangereuses radiations solaires. La planète possède son propre système de filtration pour contrecarrer les effets nocifs des rayons ultraviolets qui arrivent du soleil. Entre 15 et 50 kilomètres d'altitude, dans une région que l'on appelle la stratosphère, se trouve une couche de gaz qui filtre fortement les rayons UVB : c'est la couche d'ozone. Cette couche d'ozone a perdu de son efficacité avec les années en raison de l'accumulation de produits gazeux d'origine anthropique (créés par l'homme), dont les fameux chlorofluorocarbones ou CFC. La diminution de la couche protectrice d'ozone permet donc le passage d'une plus grande quantité de rayons ultraviolets sur la surface de la Terre. Ce phénomène se manifeste principalement dans les régions polaires au printemps, alors que la couche d'ozone devient très mince et même absente à certains endroits (d'où le fameux « trou dans la couche d'ozone »).

Malgré les différentes mesures internationales pour bannir l'utilisation des gaz réfrigérants (dont le protocole de Montréal de 1987 qui interdit l'utilisation des CFC), d'importantes quantités de chlorures et de bromures demeurent emmagasinées dans l'atmosphère, causant d'inquiétantes réductions de la couche d'ozone au-dessus de l'Antarctique. En fait, les experts prévoient qu'il faudra attendre jusqu'en 2049 avant que la couche d'ozone ne retrouve un niveau de protection comparable aux années 1980 pour l'Europe, l'Amérique du Nord, l'Asie, l'Australie, l'Amérique latine et l'Afrique. Selon les dernières données de l'Agence des Nations unies, il faudra toutefois attendre jusqu'en 2065 avant que la couche d'ozone ne retrouve ses propriétés protectrices au-dessus de l'Antarctique.

Le projet scientifique présentement en cours à bord de *Sedna IV* vise à étudier la réponse de la communauté planctonique pendant la période critique du trou d'ozone, en lien avec la couverture de glace qui tend à se réduire de plus en plus avec les années. Afin d'évaluer les effets potentiels sur l'écosystème, nous avons choisi de suivre l'évolution journalière du rapport entre les rayons UVB et les rayons UVA, en comparant ces données avec les concentrations en ozone sur le site d'hivernage de *Sedna IV*.

La problématique de la couche d'ozone est un bel exemple pour montrer comment nos actions transforment et menacent la vie. Localement, les conséquences de nos gestes ont un impact global, et la dégradation de la couche d'ozone illustre bien le fonctionnement de notre petite planète dans son intégralité. Qui aurait dit que les gaz réfrigérants que nous utilisons dans nos réfrigérateurs et nos climatiseurs auraient une incidence directe sur le nombre de cancers de la peau ?

Régulièrement, les scientifiques de *Sedna IV* prennent des échantillons pour mieux comprendre les effets de l'augmentation de la température et de la réduction de la couche d'ozone sur les organismes planctoniques marins.

La fourrure du bébé phoque change rapidement. En haut, le poil à la naissance et, en bas, la fourrure tachetée après la mue.

La pouponnière

Une visite à la pouponnière des phoques de Weddell nous réserve toujours des surprises. Tous les phoques sont maintenant regroupés en un seul lieu, bien protégés des vents et de la glace qui s'effondre quotidiennement du sommet des glaciers. Les phoques peuvent désormais profiter d'une jolie piscine creusée pour pratiquer la nage en famille, en plein centre de la pouponnière. Mais nous devrions plutôt parler de garderie, car tous les bébés phoques ont grandi, et certains ont déjà commencé à muer.

Ils sont tous en grande forme ! Rusty-le-Rouge était évidemment seul, sa jeune mère étant partie nager quelque part sous la glace. Certes, le jeune a maintenant l'habitude des fugues de sa mère, qui n'en est pas à ses premières escapades. Il a bien tenté de rejoindre une autre mère, mais l'accueil ne fut pas très heureux. Repoussé, Rusty s'est immédiatement mis à brailler son désespoir aux quatre vents. On le reconnaît parmi tous les autres. Ses complaintes ont quelque chose d'unique, drôle de mélange de gémissements et de protestations. C'est le Caruso du groupe, toujours prêt à lancer sa lamentation dans le troupeau. Son stratagème est toutefois assez efficace. La plupart du temps, sa mère refait surface et, sans doute exaspérée par pareil boucan, elle retourne sur la glace pour nourrir son rejeton. Il accuse toujours un certain retard de croissance, mais c'est un batailleur et il a de l'énergie à revendre.

Wally demeure notre préféré. Il a tellement grandi et, il faut le dire, grossi. Il aime poser pour nos caméras, et ses mimiques sauront faire rire et attendrir le soir de la grande première. Sa fourrure de bébé phoque n'est plus, remplacée par une jolie robe grise, tachetée de noir, qui le rend irrésistible. Il est superbe le petit. Mais qu'est-ce qu'il a grossi ! Sa mère, toujours aussi hospitalière, a dû perdre quant à elle une centaine de kilos… qui ont tout simplement été transférés dans le corps de Wally. Il tète avec une ardeur peu commune et si sa mère a le malheur de se coucher sur le ventre, l'empêchant d'avoir accès aux mamelles, il hurle et se contrarie, tape de la nageoire, s'agite dans tous les sens jusqu'à ce que maman reprenne une position acceptable. Il obtient toujours ce qu'il veut. Un peu gâté tout de même. Il faut dire qu'avec un lait riche à 42 % en matières grasses, on le serait à moins…

Le miracle de la vie se poursuit donc dans notre petite baie, un site privilégié pour le développement des jeunes. Le rythme de la nature a repris. L'éveil se poursuit, et la vie retrouve une cadence naturelle, signe du printemps qui redonne aux éléments une énergie nouvelle. Nous sommes rentrés au voilier, heureux, simplement. Peut-être est-ce Wally qui nous fait cet effet. Ou peut-être Rusty qui démontre de belles qualités de batailleur. Ou n'est-ce pas plutôt simplement ce printemps qui agit aussi sur nous ?

Nous sommes
rentrés au voilier,
heureux,
simplement.

Une visite à la pouponnière
des phoques de Weddell nous
réserve toujours des surprises.
Tous les phoques sont regroupés
en un seul lieu, bien protégés
des vents et de la glace qui
s'effondre quotidiennement
du sommet des glaciers. Les bébés
phoques ont grandi, et certains ont
déjà commencé à muer. Le miracle
de la vie se poursuit donc dans
notre petite baie, un site privilégié
pour le développement des jeunes.

Normalement, on lève les voiles
pour partir quelque part.
Ici, aujourd'hui, nous avons hissé
les voiles pour nous assurer
que tout serait prêt pour le grand
départ.

Voiles d'azur

Pour un marin, l'un de ses plus beaux moments du printemps est sans doute la première fois où il hisse les voiles de son bateau. Normalement, on lève les voiles pour partir quelque part. Ici, aujourd'hui, nous avons hissé les voiles pour nous assurer que tout serait prêt pour le jour du grand départ.

Quelle allure, tout de même ! La grande déesse des océans s'offre sous ses plus beaux atours aux animaux de la baie, qui n'ont sans doute jamais rien vu de pareil. Quel spectacle ! Les grandes voiles bleu azur se détachent contre les parois glacées des montagnes. Malgré le caractère inusité de la scène – un grand voilier, toutes voiles dehors, mais immobile, toujours prisonnier des glaces –, les phoques, nonchalants, jettent à peine un regard. Les sternes se houspillent un peu, et le chionis s'offre une petite virée de reconnaissance, mais tous se rendorment rapidement, immobiles, comme écrasés par la douceur incroyable de cette journée d'octobre. Au soleil, le thermomètre frôle la barre des 20 °C…

Nous sommes faits de contradictions. Nous apprécions cette chaleur nouvelle qui réconforte, mais quand un pan entier de glacier s'effondre avec grand fracas devant nous, nous restons pantois, frappés de nouveau par cette vérité criante : l'effet des changements climatiques est en train de modifier l'environnement, le paysage, la vie.

Dans nos villes, nos campagnes, même constat. Nous aimons cette chaleur. On se dit que, après tout, ce ne sont pas quelques petits degrés… Malheureusement, il n'en faut pas plus pour bouleverser l'équilibre vital, pour faire basculer la grande machine climatique planétaire.

Ce matin, inspiré par la douceur du jour, j'ai marché jusqu'au silence. Besoin de réfléchir… Une bonne dose de solitude, une brise légère qui caresse le visage rabougri sous l'effet des chauds rayons, et ce paysage à faire voler l'âme, voilà quelques ingrédients de la recette du bonheur. Ajoutez quelques bébés phoques, les craquements incessants d'une glace qui se fragilise sous l'effet du printemps, et plus rien n'incite à quitter ces lieux. À quoi bon rentrer si c'est pour perdre tout ça ?

Ce soir, transporté par la beauté magique de ce jour en déclin, j'ai laissé l'esprit naviguer jusqu'au silence de la nuit. Besoin de réfléchir.

L'énergie nouvelle de ce printemps antarctique doit maintenant s'emmagasiner en réserves précieuses, dissimilées au plus profond de nous, avec les images, les souvenirs et la mémoire du temps.

À quoi bon rentrer si c'est pour perdre tout ça ?

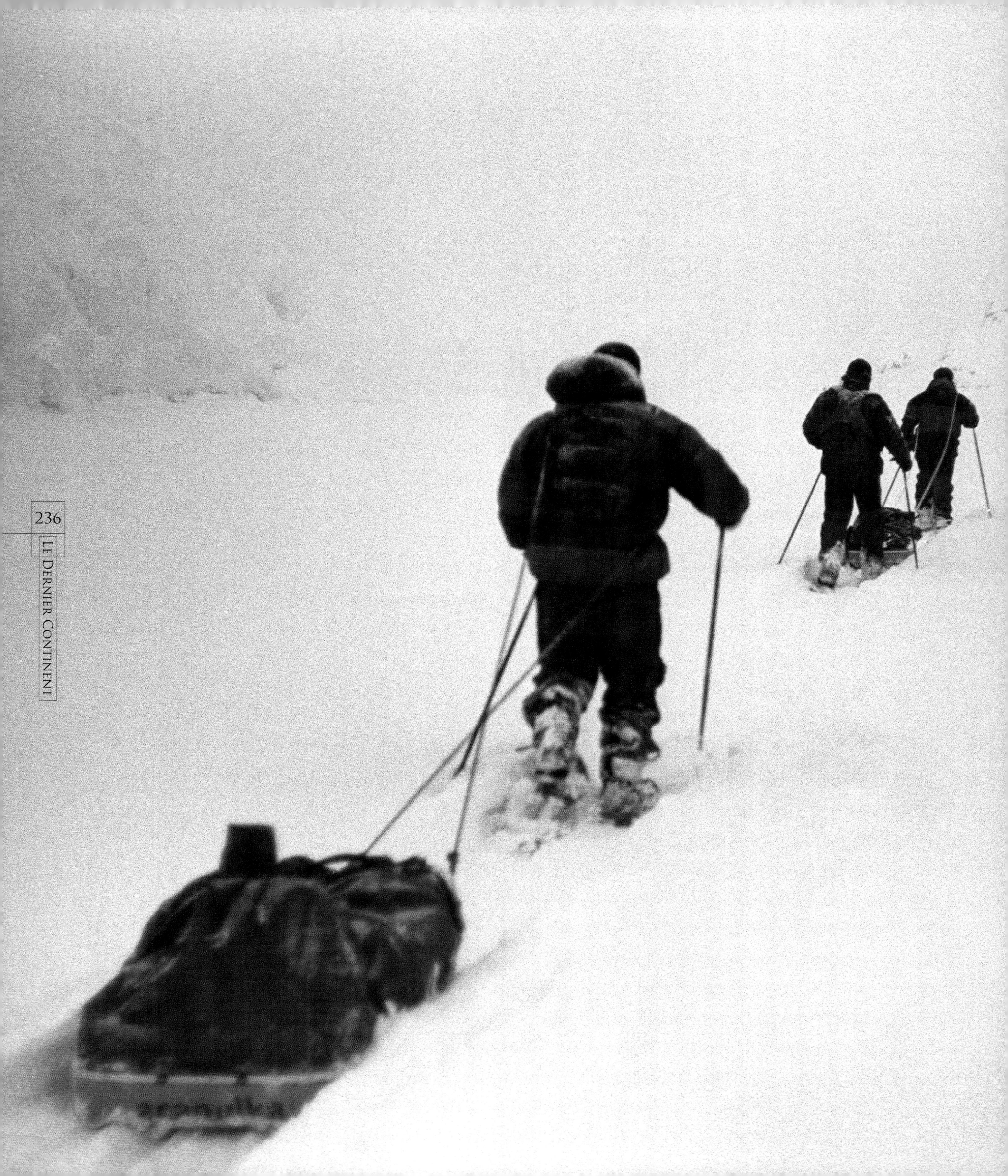

Anticipation

Le simple plaisir de retrouver ceux et celles que nous aimons saura effacer la tristesse obligatoire d'un abandon de paradis.

Une dernière randonnée sur le canal Bremen avant de quitter ce lieu qui fut notre contrée pendant ces nombreux mois d'hiver.

La pluie tombe, et elle tombe à seaux. On ne parle plus de cette pluie humide qui dépose d'imperceptibles gouttelettes sur les haubans et le gréement. On parle plutôt d'une véritable douche antarctique, une pluie diluvienne, un déluge qui scellera sans doute le sort de notre fragile banquise.

Toute la journée, ces averses ont déversé sur nos âmes une certaine dose d'amertume, fiel inexplicable du temps qui distille la pensée d'un retour annoncé. Jusqu'à maintenant, climat, décors et instants présents nous rattachaient encore à l'hiver, et le départ n'était qu'illusion lointaine. Aujourd'hui, la pluie est venue laver les leurres de notre esprit, et tout s'est esquissé clairement dans nos intérieurs fragiles et divisés. Paradoxe du lieu, du temps et de nos envies les plus chères, nous disons temporairement oui au départ, mais non au retour. Aujourd'hui seulement, quelques gouttes sur le parapluie de nos âmes sont venues tambouriner les musiques d'une partance inévitable, d'un abandon volontaire de tout ce qui nous a tant apporté, de tout ce que nous avons véritablement aimé. Notre regard aura changé, à tout jamais, essentiel et vrai, et c'est ce que nous espérons rapporter dans nos bagages et dans nos souvenirs intérieurs.

Le beau temps s'annonce souvent en averses et en tourments. Les belles journées sont devant nous et, bientôt, quand les hommes regagneront le dernier continent, le soleil saura les accueillir avec sa chaleur estivale et ses lumières de paradis. Jour d'été sans nuit, tu laisses au temps le plaisir de s'exprimer dans toute sa splendeur. Il n'y a pas plus bel endroit sur la Terre pour voir et comprendre, surtout au cœur de l'été austral. Pour nous, ce sera le chemin inverse, mais nous rapporterons en nos cœurs une portion d'éternité qui ne saurait mourir.

Nous connaissons maintenant la date d'arrivée de nos amis capitaine et premier maître. Ils quitteront le port d'Ushuaia le 3 novembre prochain, en route vers notre petite baie. Germain Tremblay et Marcel Dubé seront de retour à la barre de *Sedna*. Amis des troupes, nous sommes vraiment heureux de les retrouver à leur poste pour la fin de cette mission. Leur trajet entre Ushuaia et la baie de Melchior devrait prendre trois jours. L'un des plus imposants bateaux de croisière de la flotte touristique, le *MS Nordnorge*, un navire norvégien, a gentiment accepté de faire le détour jusqu'ici pour nous rendre une petite visite et ainsi permettre le rapatriement de notre personnel navigant.

La pluie abondante ne saurait durer. Le sombre ciel qui obscurcit naturellement les pensées ne saurait miner le moral de l'équipage. Plus maintenant ! Nous laissons peut-être derrière nous une tranche de vie faite d'exceptions et d'aventures inoubliables, mais le simple plaisir de retrouver ceux et celles que nous aimons saura effacer la tristesse obligatoire d'un abandon de paradis.

L'équipage de *Sedna IV*, après plus de 400 jours d'expédition :
Serge Boudreau, assistant plongeur ; Joëlle Proulx, cuisinière ;
Stévens Pearson, mécanicien ; Mario Cyr, chef plongeur ; Sébastien Roy,
biologiste ; Mariano Lopez, intervenant en santé mentale ; Marco Fania,

preneur de son ; Damian Lopez, chimiste ; Martin Leclerc, caméraman ;
Pascale Otis, biologiste ; François Prévost, médecin ; Amélie Breton,
monteuse ; Jean Lemire, chef de mission.

Comment
expliquer en mots
simples et sincères
que cela n'a rien à
voir avec l'amour ?

Le grand ménage du printemps a
commencé ! Voilà déjà un mois
que nous préparons le voilier,
que nous révisons chaque pièce
et moteur en vue du grand
départ. En termes de navigation,
la technique sera prête, et
l'équipage aussi.

Le dilemme

Nous avons profité des derniers fragments de banquise autour du voilier pour prendre une photo d'équipe. N'étaient les amarres qui nous retiennent à la rive, ces blocs de glace seraient déjà partis au large, avec leurs semblables, en train de dériver dans l'immensité océanique. Triste réalité qui sera nôtre bientôt. La dernière carte des glaces montre que notre secteur est déjà à l'eau libre, qu'aucun obstacle ne se présente sur notre route vers le nord. Dans une douzaine de jours, le *MS Nordnorge* fera escale ici pour ramener à notre bord notre capitaine et le premier maître. Le temps file à la vitesse de l'éclair, et j'ignore si nous serons prêts à larguer les amarres.

Techniquement, le voilier sera fin prêt. En termes de navigation, la technique sera prête, et l'équipage aussi. Je m'inquiète plutôt pour l'humain derrière le marin. Serons-nous réellement disposés à abandonner tout cela ? Et peut-on se préparer convenablement à l'abandon de ce que nous aimons tant ? Le dilemme est réel et profond. D'un côté, la joie immense de revoir les nôtres. De l'autre, l'angoisse fatale de les retrouver. Plus d'une année passée sur des chemins différents, sur des routes aux repères distincts, sur un parcours qui transforme certaines valeurs fondamentales. Comment sera la rencontre de ces êtres qui appartiennent maintenant à deux mondes ? Que penser de ce rendez-vous tellement souhaité, à l'inévitable croisée des chemins ?

Les longues expéditions transforment le regard que l'on porte sur la vie. À l'aube du retour, inondés d'amour et d'attention de retrouvailles, tout ira bien, pour un temps. Puis, à mesure que le quotidien nous rejoindra, une profonde mélancolie s'installera, inévitable, pénétrante et douloureuse. Et un beau matin, alors que l'esprit se perdra encore une fois dans les souvenirs du temps, montera en nous cet appel déchirant venu du large. Que l'on soit marin ou simple voyageur de la vie, la nature nous rappelle à elle, et le rêve recommence. Le mal sera de retour. Ou n'est-ce pas plutôt le bien ?

Il faudra alors préparer le terrain, expliquer et justifier l'idée d'un nouveau départ, négocier, argumenter pour défendre le nouveau rêve en devenir. Comment expliquer en mots simples et sincères que cela n'a rien à voir avec l'amour ? Au final, inévitablement, le départ vers d'autres rêves est souvent incontournable… « Pas encore partis qu'ils pensent déjà à remettre les voiles », entendons-nous déjà, malgré la distance qui nous sépare. Étrange ritournelle de l'esprit, tais ton appel pour un temps, ne serait-ce que pour nous permettre de vivre et d'apprécier nos chères retrouvailles. Pour l'après, on verra…

Pas toujours facile, la vie de marin…

Dernier regard de l'empereur
sur son royaume de glace
en déclin. Il marche vers le large.
Une marche de l'empereur lente
et vacillante. Le corps légèrement
courbé vers l'avant, il semble
porter tout le poids du monde sur
ses épaules.

Derniers regards

Bientôt, nous hisserons les voiles vers la civilisation. Nous en sommes donc à l'heure des bilans. Nous sommes privilégiés. Malgré les difficultés d'une telle expédition, au-delà de l'isolement et des carences de toutes sortes, nous avons eu le privilège de nous offrir une année pour réfléchir sur la vie, sur ce que nous sommes et, surtout, sur ce que nous espérons devenir. Avec beaucoup d'émotion, nous regardons derrière nous pour mieux replonger en avant. La démarche de chacun d'entre nous est différente, mais nous repartirons tous d'ici avec des valeurs nouvelles.

Peut-être parce que l'heure des bilans est arrivée, et sans doute parce que nous savons que ce rêve s'achève, plus que jamais depuis que nous sommes partis, nous ressentons les effets de la solitude. Certains expriment clairement une certaine mélancolie, une langueur parfois accablante qui se mélange à l'angoisse du retour. L'émotion est donc réellement palpable en ces derniers temps de découvertes. Derniers regards sur ce monde à peine dévoilé durant cette année de recherche, derniers questionnements sur ce grand voyage intérieur et son bagage de connaissances qu'il faudra préserver précieusement. Bref, le temps est à l'émotion depuis quelques jours.

Ce matin, Mariano, le papa, a appelé sa petite Alexia pour lui souhaiter un joyeux anniversaire. Le père s'en veut de ne pas être là pour les six ans de sa fille. Comment ne pas ressentir toute la charge émotive derrière l'absence, comment ne pas partager la difficulté de l'ami qui aimerait, pendant un instant, être ailleurs, dans les bras de celle qui représente toute sa vie. Nous formons une famille à bien des égards, et les épreuves, ainsi que les joies et les plaisirs de notre vie recluse, se partagent au sein de notre microsociété.

Novembre, déjà,
et cet étrange
sentiment
que le temps
s'accélère, comme
transporté par
l'immuable envie
de tout
recommencer.

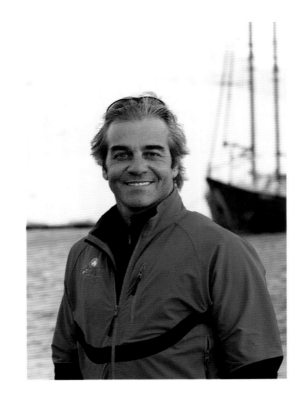

Retour à la maison

Novembre, déjà, et cet étrange sentiment que le temps s'accélère, comme transporté par l'immuable envie de tout recommencer. Peut-être est-ce la vie qui débute ici, en ce printemps austral. Peut-être est-ce notre premier labbe qui a survolé le voilier ce matin. Il y a du renouveau dans l'air...

Dans un peu plus d'une semaine, nous laisserons derrière nous le printemps de la vie pour rejoindre l'automne de l'hémisphère Nord. Dans une dizaine de jours à peine, nous hisserons les voiles et naviguerons vers les grands continents d'Amérique, affrontant une dernière fois les mers maudites : soixantièmes grondants, cinquantièmes hurlants, quarantièmes rugissants... Peu de marins les ont domptés, tous les respectent. Notre itinéraire prévoit

une escale obligée sur la route du retour, une brève visite à la base de Palmer pour saluer nos amis américains, sans qui cette mission aurait été plus difficile. Puis, ce sera l'attente d'une bonne fenêtre météo pour se lancer à l'assaut du fameux passage Drake jusqu'au cap Horn.

Nous sommes installés sur la ligne de départ, regard vers le nord, prêts à lever les voiles vers la civilisation. Mi-tristes, mi-contents, nous avons décidé de regarder vers l'avant, résolus à ce qu'il ne puisse y avoir de fin véritable à cette mission. De la pointe de l'Amérique du Sud, nous longerons la côte est pour remonter vers Mar del Plata, destination finale pour nombre d'entre nous. Après quelques jours de repos en sol argentin, voire quelques semaines pour certains, Mario, Martin, Pascale, Amélie, Joëlle et François prendront l'avion à destination du Québec. La nouvelle équipe de convoyage prendra la relève et accompagnera Stévens, Damian, Sébastien, Serge et Marco qui ont préféré la route maritime. Je les comprends. La mer agit souvent comme un baume sur les âmes des marins perdus. Après un ravitaillement en carburant et en nourriture, *Sedna* sera prêt à lever les voiles. Ce n'est qu'à ce moment que je pourrai penser à mon retour. J'ai besoin de m'assurer que tout est en ordre avant d'abandonner le navire et de rentrer à mon tour à la maison.

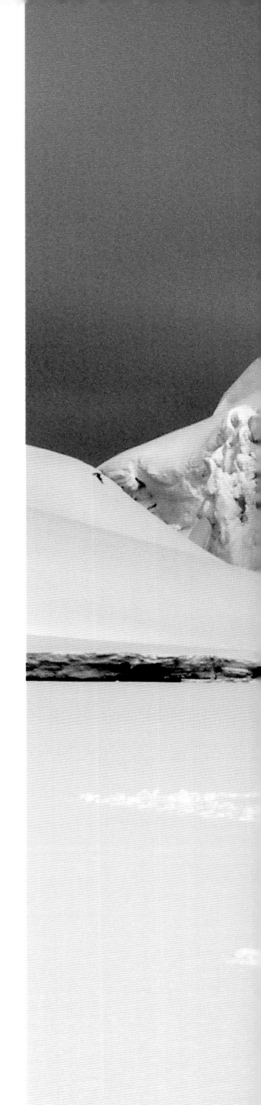

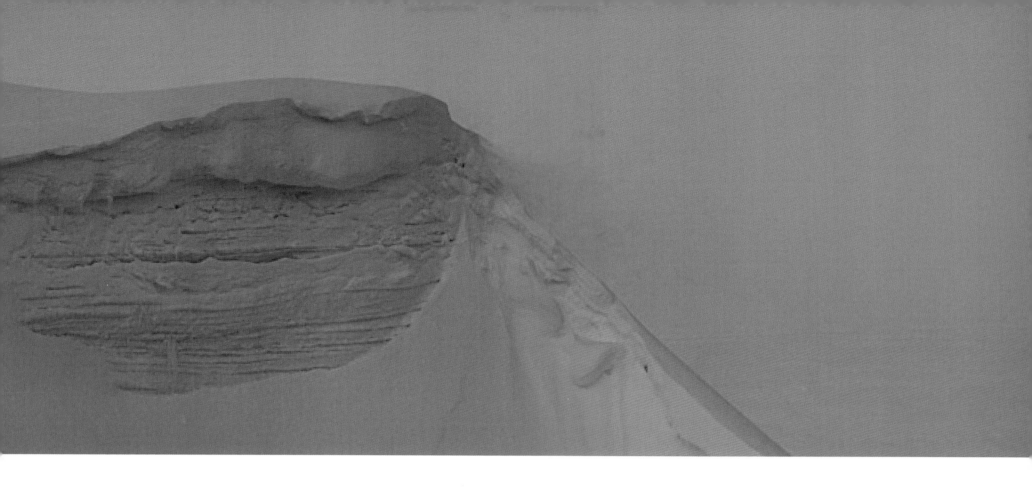

Décalage

S *edna* s'est transformé en fourmilière. Partout, les gens s'activent à la tâche pour être fin prêts pour le départ. Si tout va bien, si Éole veut bien nous libérer de son étreinte presque paternelle, nous lèverons les voiles vendredi, en direction de la station américaine de Palmer.

Il reste tant à faire, tant à voir… Dans ma tête, jamais le départ n'a été une chose réelle, un fait véritable. On en parle, on sent bien qu'il est imminent, mais curieusement, je n'y crois pas encore. Je vois bien tout l'équipage qui court pour les derniers préparatifs, le personnel navigant qui occupe désormais la timonerie – mon espace de travail depuis près d'un an – et cette glace qui n'est plus qu'éphémères souvenirs brisés par la douceur du temps. Je vois aussi Wally, Rusty et les autres qui sont devenus grands, autonomes et libres de leurs mouvements. Je vois enfin que mon corps combat déjà les virus de la ville, apportés par nos nouveaux arrivants, inévitable signe de notre isolement. Germain et Marcel transportent les virus de la ville. Notre milieu de vie, si calme et paisible, fourmille de vie. On se croirait presque de retour à la ville ! Je vois tout cela, mais, curieusement, je ne le crois pas. Pourtant, il le faudra bien. Les moteurs ronronnent déjà en préparation pour demain, le soleil est de retour pour tracer la route devant nous, et le voilier s'est remis en mode navigation. Toutefois, un étrange décalage s'est installé entre le corps et l'esprit.

Nous avons visité la dernière plaque de glace qui supporte encore les derniers phoques, les manchots, les cormorans et autres visiteurs de l'Antarctique. En soirée, nous irons défaire l'*inukshuk*, dernier symbole d'une présence humaine dans le secteur, dernière trace de notre passage ici. Nous laisserons le territoire comme nous l'avons trouvé. Nous redonnerons à la baie sa tranquillité, sa virginité. L'histoire de cette baie sera marquée à tout jamais par notre passage, imprégnée d'une certaine forme d'immortalité, comme un legs aux générations futures. Puisse notre aventure inspirer la jeunesse et la faire rêver. Ils retiendront que l'homme peut relever les défis les plus fous, que la cohabitation avec la nature est encore possible, que tout est une question de respect de la vie.

Il reste tant à faire, tant à voir…

Nous avons quitté notre baie en ne laissant rien derrière nous, pas même la trace de notre passage par l'*inukshuk* que nous avions construit il y a plusieurs mois.

Les températures beaucoup plus clémentes des dernières décennies ont contribué à l'explosion démographique des manchots à jugulaire autour de la péninsule antarctique. Ils retrouvent maintenant un climat comparable à celui des îles subantarctiques d'où ils tirent leurs origines.

Comment dire, comment exprimer l'indescriptible sentiment, comment traduire l'inexprimable émotion ressentie en pareil instant ?

Partons, la mer est belle

Nous avions besoin d'une journée parfaite, ensoleillée, sans vent, avec une mer calme comme un lac. Il fallait larguer les amarres, relever les ancres et faire pivoter *Sedna* dans l'étroite baie, pour l'orienter vers la sortie, pour le diriger vers la liberté du grand large. Éole et Neptune nous ont permis de réaliser un départ de la baie Sedna selon le meilleur des scénarios. Les dieux étaient avec nous. Quelle journée !

La veille, nous étions allés au sommet de la montagne pour démonter l'*inukshuk*, pour remettre les pierres à la terre. Dès lors, la montagne ne gardait plus qu'un impérissable souvenir de notre présence. Le reste, les traces tangibles de notre passage, venait de disparaître à tout jamais. Il ne restera désormais que l'histoire et les souvenirs pour rappeler notre présence ici.

Au petit matin, en réunion au carré d'équipage, tout le monde affiche un sourire qui en dit long sur l'état des troupes. Nous sommes prêts pour la manœuvre et tous désirent goûter au départ, à une certaine forme de liberté retrouvée. Paradoxalement, nous savons aussi que le long chemin qui se dresse devant nous mènera vers l'autre vie, celle laissée derrière nous, et que notre départ annonce inévitablement la perte d'une certaine forme de liberté. Mais qu'importe, aujourd'hui, plus que jamais, nous rêvons du Nord…

Cinématographiquement, nous avions tout un défi. Il fallait coordonner les positions de caméras pour filmer ce grand moment sous tous ses angles et faire ressentir cette ambiance particulière. Cette dernière grande scène du film, je la voulais majestueuse, traduisant l'esprit des lieux, mais aussi l'émotion du départ. *Sedna* devait sortir de la baie sous voiles, une manœuvre délicate pour l'équipe de navigation. Mais quelle satisfaction quand, du haut de la montagne, nous avons pu filmer une dernière fois la grande déesse aux voiles bleues naviguant vers la liberté ! Nous avons rangé l'équipement cinématographique, puis jeté un dernier regard derrière nous : une grande baie déserte, la baie Sedna, s'offrait en beauté majestueuse, avec son dernier fragment de banquise dérivant sur lequel dormaient encore Rusty, Wally et quelques autres bébés phoques devenus grands. Ils partiront aussi, dans quelques jours, en quête de liberté.

Comment dire, comment exprimer l'indescriptible sentiment, comment traduire l'inexprimable émotion ressentie en pareil instant ? Je dirai simplement que l'eau salée qui coule dans les veines des marins a tendance à déborder devant ce trop-plein d'émotions, les yeux gonflés par une marée intérieure qui traduit le va-et-vient d'un cœur déchiré entre l'idée de partir et celle de rester. Mais le doute n'a plus sa place. Nous sommes aujourd'hui sur la route du retour, heureux d'avoir accompli cette mission.

Quel sentiment étrange… l'équipage de *Sedna* met le cap au Nord, en route vers la civilisation, les yeux gonflés par une marée intérieure qui traduit le va-et-vient des cœurs déchirés entre l'idée de partir et celle de rester.

Magnifique damier du cap
se laissant bercer par le vent
au-dessus des vagues.

La dernière tempête

J'écris dans la nuit, une nuit d'encre, une nuit sombre comme le cafard. Sans doute un autre signe du retour… Il y a longtemps que nous n'avions pas expérimenté cette noirceur. Plus nous remontons au nord, et plus la vie retrouve ses repères. Tout va vite, trop vite. Les nouvelles nous arrivent de toutes parts, et il n'y a rien que nous ne puissions faire, comme si une certaine forme de destin nous frappait de plein fouet. Nous avons besoin de temps pour revenir. Nous avons besoin de temps pour montrer comment tout ce monde est beau. Il faut donner le temps à la fragilité de s'exprimer…

Au matin, perdu en songes de retrouvailles sur le pont, je regardais la mer se former. Toutes voiles dehors, nous filions à plus de 11 nœuds ! *Sedna*, comme une monture qui connaît le chemin de l'écurie, se donnait entièrement pour engranger les milles à une vitesse record. Puis les vents ont gagné en intensité. Des vents du sud, des vents qui venaient directement de l'Antarctique, des vents de ce chez-nous que nous venions de quitter, venu nous saluer une dernière fois. À 20 nœuds, nous étions contents de les revoir. À 30, ravis de leur aide. À 40 et plus, nous n'en demandions pas tant…

Je redoutais le cap Horn. J'aurais dû me méfier des cinquantièmes hurlants. Nous savions que la tempête allait frapper, mais nous avions peut-être sous-estimé une des mers les plus redoutables de la planète. Les vents et la mer vont continuer de tempêter pendant au moins vingt-quatre heures. Nous danserons sur des vagues de plus en plus fortes et nous ne dormirons pas. À quoi bon ? La tête est ailleurs, quelque part entre le Sud et le Nord.

Après des mois de solitude en nature, nous avons croisé notre premier bateau aujourd'hui. Un de ces grands navires de pêche, un bateau usine qui pille la mer de ses richesses, qui dérobe toutes les formes de vie pour rapporter quelques poissons à vendre à fort prix. Quel symbole ! Quelle première image ! Une scène qui n'est pas sans rappeler celle enregistrée sur les Grands Bancs de Terre-Neuve, lors de notre départ d'expédition. Tout cela paraît bien loin, et pourtant. Nos premiers contacts avec notre monde aura donc été cela : le renvoi inévitable à cette vision de consommation sans limites. Pour une première image de nous, ça frappe ! Peut-être même plus que les vagues des cinquantièmes

Certaines vagues, sorties de nulle part, impressionnent par leur hauteur. Les animaux, eux, s'amusent dans la vague. Les dauphins nous accompagnent depuis deux jours, fidèles guides sur la longue route. Ils cabriolent pour nous, se donnent en spectacle, apportent quelques moments de répit aux marins de quart et de corvées. Les albatros aussi se rient du vent et de la vague. Ils sont dans leur élément, et la tempête leur va bien. À bien y réfléchir, il n'y a que nous, humains, que la tempête semble affecter…

Le dernier tronçon de route est interminable. Il n'y a plus d'espoir de recul. Nous ne pouvons plus rebrousser chemin, et l'arrivée est imminente. Il faut maintenant nous préparer en conséquence, cesser de regarder derrière pour affronter notre avenir incertain, imprévisible. Le corps encaisse bien les coups du retour, mais l'esprit semble être demeuré quelque part sur les restes de la petite banquise de la baie Sedna. L'Antarctique nous manque déjà, et tout va trop vite. Demain, les vents forts du nord apporteront la chaleur du continent. Nous devrions frôler les 20 °C. Nous venons à peine de quitter le grand continent de glace que nous voilà plongés au cœur de l'été austral. Comme cette planète est petite !

Les vagues des quarantièmes ont réussi à mettre mon cœur en gigue, et le brassage d'idées des derniers jours, sans doute provoqué par la forte mer, ne cesse de m'inspirer des questions sur ce retour prévu. Il est temps de rentrer à la maison, de faire face aux responsabilités avec un nouveau bagage de connaissances personnelles et des valeurs nouvelles. Je ne regarde déjà plus le ciel de la même façon, pas plus que je ne porterai le même regard sur l'arbre, la fleur, la vie. Je ne verrai plus avec les mêmes yeux, et l'Antarctique se fera sentir dans mon regard. Comment ne pas revenir transformé par ce voyage au bout de la vie ?

Aujourd'hui, ça sent la terre. Dans les affres du retour, ses effluves capiteux soulagent et consolent, parce qu'ils transportent la chair parfumée de ceux et celles que l'on aime. Vous qui nous avez tant manqué. Le rêve s'installe peu à peu pour laisser l'imagination s'exprimer. Aujourd'hui, enfin, nous laissons tomber les barrières et les protections de l'isolement. Si près de l'arrivée, nous nous donnons le droit de rêver à vous.

La mer nous a montré sa grande force aujourd'hui. Les cinquantièmes hurlants refusent de se taire. Ils tempêtent le jour comme la nuit, rendant le sommeil pratiquement impossible.

Avec notre fonctionnement sociétal basé sur la surconsommation, nous avons oublié la Terre, et la vie qui la peuple.

Il aura fallu beaucoup de temps, de patience, de dévotion presque, mais nous revenons à la maison, le cœur chargé d'essentiel et de vérités. Nous revenons à la maison pour humer le parfum de cette terre que nous avons laissée derrière nous, arôme suave qui nous rappelle ce que nous sommes, ce que vous êtes et ce que nous souhaitons devenir. Fragrance vitale, bouquet de vie, nous sentons enfin tes parfums caresser l'étrave de notre vaisseau. Dans l'émanation des sens nouvellement éveillés, le sommeil n'est plus depuis longtemps. Cette nuit encore, sur le pont et dans le nord-ouest, nous chercherons votre indice olfactif, les traces nocturnes et douces exhalaisons transportées par le vent de la terre, souffle du nord qui, dans la nuit et sous ces latitudes, ranime la chaleur intérieure qui brûle encore.

Cette nuit, ça sent la terre. Parfum de vous, nous suivons l'effluve qui, plus que les étoiles, guide notre voilier dans les ténèbres de la nuit. Cette nuit, pour de bon, nous revenons à la maison.

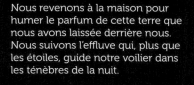

Nous revenons à la maison pour humer le parfum de cette terre que nous avons laissée derrière nous. Nous suivons l'effluve qui, plus que les étoiles, guide notre voilier dans les ténèbres de la nuit.

Crépuscule

J'ai donné à la nuit le temps de s'installer. Pour raconter, pour partager cette dernière communion avec la mer, le vent et le ciel, moment magique quand le calme se faufile dans tous les interstices de l'âme. Cette nuit en mer sera la dernière. Il y a si longtemps que je n'ai pas ressenti la fin. La grande étape se termine dans les sombres profondeurs de l'été austral. Aujourd'hui, un oiseau est venu se poser sur le pont, perdu, cherchant sans doute sa route. Comme nous, son refuge, il l'a trouvé en mer. Après 430 jours d'expédition, je rentre à la maison, mais une partie de moi demeure, impérissable et immortelle. La longue route s'achève, mais le rêve survit, encore et toujours.

Je suis triste, certes, mais heureux, éternel paradoxe quand on regarde derrière et devant à la fois, quand le passé rejoint le présent. L'avenir incertain, je rentre à la maison. Le mélange des sentiments bouleverse. Il rejoint l'âme et s'incruste pour toujours au plus profond de moi. Je parle pour moi, par respect pour les autres, mais je sais que tous mes merveilleux complices d'aventure ressentent aussi cet indescriptible bouleversement intérieur qui transforme la vie. Le temps est venu de tourner une page dans le grand livre de nos vies, comme un témoignage inachevé qui ne saurait mourir.

Je suis sorti sur le pont au soleil couchant pour saluer une dernière fois les albatros, symboles

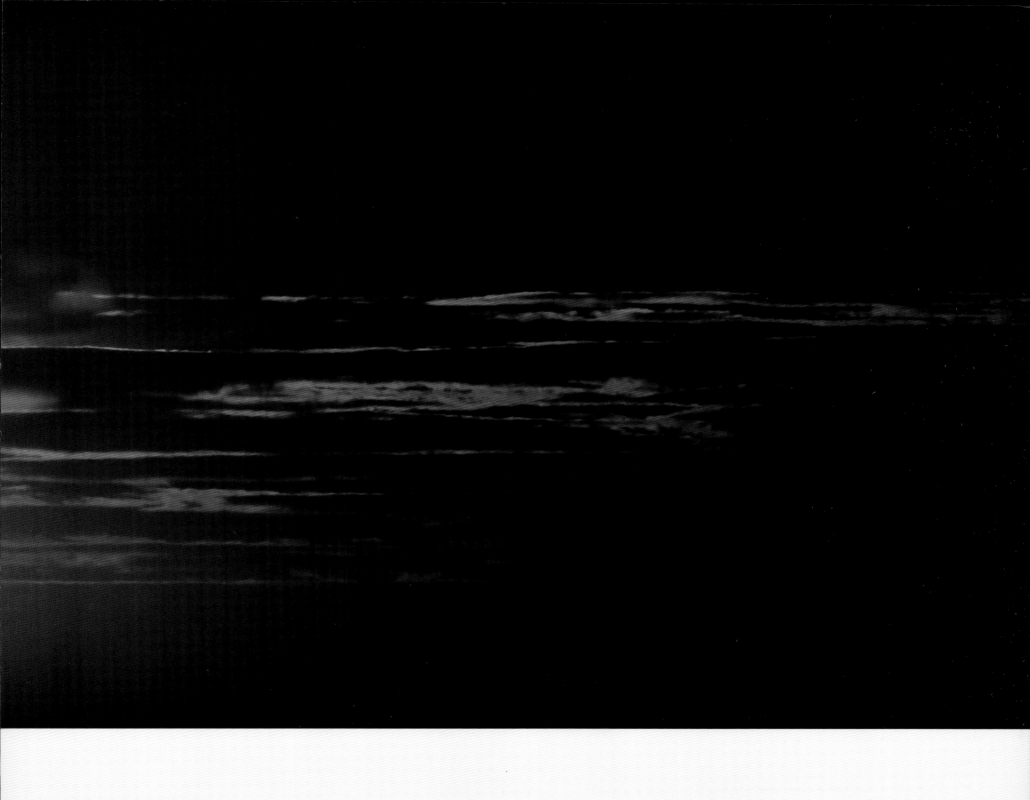

Quand l'astre de feu s'est dissimulé sous l'horizon, j'ai senti le grand frisson s'installer. Un frémissement intérieur qui vient marquer la fin d'une époque et le début d'une autre...

mythiques des grandes mers du Sud. Plus que toute autre image, celle de l'albatros me touche et m'interpelle. Le grand voyageur des mers transporte l'âme des marins disparus, planant entre les vagues du temps, entre le passé glorieux des explorateurs d'hier et celui plus modeste des nouveaux aventuriers modernes. L'exploration a pris un sens nouveau, avec une recherche de nouvelles valeurs et une compréhension de ce que nos fiers prédécesseurs nous ont légué en héritage. L'explorateur d'aujourd'hui a le devoir de pousser davantage les découvertes d'hier, de comprendre la terre et la mer ainsi révélées pour mieux les respecter.

Dans un soleil de feu, j'ai immortalisé les grands albatros. Au crépuscule de cette tranche de vie, j'ai cherché la carte postale du Grand Sud, pour offrir cette portion d'éternité.

Quand l'astre de feu s'est dissimulé sous l'horizon, j'ai senti le grand frisson s'installer. Un frémissement intérieur qui vient marquer la fin d'une époque et le début d'une autre. Dans quelques heures, quand le soleil poindra à l'est, le grand frisson aura disparu, comme les albatros et les vagues laissés derrière nous. Il n'y aura plus que le vent pour nous rappeler les effluves iodés d'une mer qui ne sera jamais très loin.

CRÉDITS PHOTOGRAPHIQUES

Jean Lemire : couverture, 3, 4, 6-7, 8, 12-13, 14, 15, 16, 18-19, 20, 21, 22-23, 26, 27, 29 (haut), 32, 33 (haut), 34, 35, 36 (gauche 2, gauche 4), 37 (droite), 38 (bas), 39, 40 (droite2), 41 (haut), 42, 43, 44 (haut), 45, 46 (gauche), 47 (haut), 50, 51 (gauche), 53, 54 (gauche, milieu 3, droite), 57 (droite), 58, 60, 61 (haut droite), 64, 65, 66 (haut, gauche, milieu 1, milieu 2), 67 (haut gauche), 69, 70, 72, 73, 76, 77, 78 (bas), 79 (bas), 80 (haut), 82, 84 (gauche 2, gauche 4, milieu, droite 1, droite 3), 85, 86 (haut), 87 (haut), 88-89, 90, 92, 93 (haut), 94, 95, 96, 97, 98-99, 100, 108, 109, 120, 121, 127 (haut), 131 (haut), 134 (haut 1, haut 2, haut 3), 135, 136-137, 142, 144, 151, 170, 171, 172, 177 (bas 2), 183, 184 (bas gauche), 185, 188 (haut 2, haut 6), 190, 194, 195, 203, 206, 207, 208, 209, 211 (bas), 214 (haut droite), 214, 215, 227, 228, 229, 230 (gauche, droite1, droite3) 233, 242 (bas), 244, 254-255.

Pascale Otis : 24, 29 (bas), 30, 31, 36 (gauche 3, droite 1, droite 2), 37 (gauche 1, gauche 2), 41 (bas), 44 (bas), 54 (milieu 2), 55, 59, 61 (haut 2, bas), 67 (bas droite), 81, 84 (gauche 1, droite 3), 86 (bas), 112 (haut), 112-113, 115 (bas gauche), 122-123, 124, 127 (gauche bas), 129 (haut), 130 (droite), 149 (bas), 152,

153 (bas), 156 (bas), 158, 160-161, 165 (haut), 166 (haut), 168, 177 (haut, bas 3), 178 (haut), 179 (haut), 180-181, 182 (haut), 187 (haut), 204, 216, 217, 220 (haut droite, bas gauche), 232, 237 (droite), 240 (haut), 245 (bas), 248.

François Prévost : 75 (i), 83 (haut), 111, 116, 125 (bas), 126, 130 (haut), 131 (haut), 132-133, 134 (bas), 143, 145 (bas), 146-147, 156 (haut), 163, 164, 167, 169, 173, 176 (bas), 177 (bas1), 184 (bas droite), 188 (haut 4, haut 5), 188-189, 189 (haut 1, haut 2, haut 3), 196-197, 202, 218 (haut) 224-225, 235, 238, 242 (haut), 242 (haut), 245 (milieu), 250.

Martin Leclerc : 5, 11, 40 (bas), 46 (haut), 50 (gauche 1), 51 (droite), 52, 62-63, 67 (haut droite), 93 (bas), 105 (gauche), 106, 107, 110, 114, 125 (haut), 149 (haut), 150, 166 (bas), 174 (bas 3), 175 (gauche, milieu, bas 2), 178 (bas), 182 (bas), 186, 187 (bas), 191, 203, 205, 231, 234, 236, 237 (gauche), 241 (haut), 246-247.

Mario Cyr : 17, 25, 33 (bas), 38 (haut), 40 (gauche), 49 (haut), 80 (bas), 102, 103, 105 (droite 1, droite 2), 117, 140, 141, 145 (haut), 192-193, 198, 199, 200, 201, 212, 213, 226.

Amélie Breton : 23 (i), 28 (bas), 47 (bas), 54 (droite 1), 66 (droite), 68, 79 (haut), 84 (haut), 128, 138, 139 (haut), 159, 162 (haut), 188 (haut 1, haut 3), 219, 245 (haut)

Serge Boudreau : 127 (bas droite), 153 (haut), 174 (bas 1), 175 (droite), 210, 218 (bas), 240 (bas gauche), 241 (bas).

Damian Lopez : 83 (bas), 115 (haut), 118-119, 139 (bas), 154-155, 211 (haut), 230 (droite 2),

Mariano Lopez : 155 (i), 130 (bas), 177 (bas 4), 179, 222, 239, 243,

Stéphan Menghi : 74-75, 87 (bas), 101, 104, 84 (gauche 3),

Marco Fania : 165 (bas), 221, 240 (bas droite), 249,

Sébastien Roy : 223, 251, 253,

Caroline Underwood : 85 (haut), 56,

Geoff Green : 78 (haut), 252,

Stévens Pearson : 220 (bas droite)

Charles Cormier : 43 (bas 2)

Claude Fortin : 91 (bas),

Michel Valiquette : 36 (gauche 1)

Suzie Tector : 129 (bas)

Frank Hurley (expédition Shackleton) : 10, 48

REMERCIEMENTS

L'auteur tient à remercier chaleureusement tous les membres d'équipage du *Sedna IV* qui ont participé à l'une ou l'autre des étapes de ce grand voyage. Ce livre leur est dédié.

Équipe d'hivernage : Pascale Otis, Mario Cyr, Joëlle Proulx, Amélie Breton, Martin Leclerc, Mariano Lopez, François Prévost, Marco Fania, Stévens Pearson, Serge Boudreau, Damián Lopez, Sébastien Roy.

Convoyage et péninsule antarctique : Marcel Dubé, René Turenne, Germain Tremblay, Caroline Underwood, Charles Cormier, Gaston Arseneau, Stéphan Menghi, Claude Fortin, Alain Belhumeur, Ricardo Sahade, Nicolas Samarine, Geoff Green, Michel Valiquette, Jean-François Priester, Martine Bourque, Suzie Tector, Line Richard, Mylena Cyr.

Équipe au sol : Catherine Boire, Geneviève Lagacé, Josée Roberge, Annik Alder, Pascale Bilodeau, Marc Beaudet, Christiane Asselin et toute l'équipe de Turbulent.

Un merci tout spécial à l'équipe scientifique de l'Institut des sciences de la mer de Rimouski de l'Université du Québec à Rimouski (UQAR), aux docteurs Serge Demers, Gustavo Ferreyra et Irene Schloss ; au docteur Eddy Carmack de l'Institute of Ocean Sciences de Victoria, en Colombie-Britannique ; à la Direccion Nacional del Antártico et Instituto Antártico, Argentine. Aux équipes des stations argentines de Melchior, de Jubany et de San Martin. Un merci tout spécial aux équipes du British Antarctic Survey (BAS) à Bird Island, King Edward Point et Rothera, et aux équipes américaines de la National Science Foundation (NSF) et de la station scientifique de Palmer. Un remerciement spécial

à l'équipage du *L.M. Gould* de la NSF Merci à Pauline et Tim Carr de l'île de Géorgie du Sud pour leur accueil et leurs conseils.

Pour son expertise sur les effets de l'hivernage, merci au docteur Peter Sudfield (UBC-NASA).

Merci à Gilles Couët, à Chlorophylle Haute Technologie, à Students on Ice, à Denis Ferrer, Martin Picard, Michel Trudel, Mario Clément, Isabelle Phoenix, Steven Guilbeault et sa famille, à Andréanne Gaudet et M. Graham, d'Air Transat, pour le petit miracle, et au Prince Albert II de Monaco.

Ce livre est le résultat des efforts soutenus et trop souvent nocturnes de Marie-France Doucet et Isabelle Reeves, sans qui rien n'aurait été possible. Un merci tout spécial à André Provencher et à toute l'équipe des Éditions La Presse ; à Elsa, Michel, Marie et Nadège des Éditions Michel Lafon, pour leur talent, leur patience et leurs encouragements.

Enfin, un merci tout spécial à nos centaines de milliers de marins virtuels qui ont suivi la mission au quotidien, *via* le site Internet www.sedna.tv, et aux enfants du monde, pour que triomphe, enfin, la simple beauté du monde…

Le long-métrage cinématographique « Le Dernier Continent » et les séries télévisuelles « Mission Antarctique – Le volet scientifique » et « Mission Antarctique – L'aventure humaine » sont disponibles en DVD au www.sevillepictures.com.

DIRECTION ÉDITORIALE : Marie Dreyfuss

CONCEPTION ET RÉALISATION : Nadège Duruflé

ICONOGRAPHIE ET TRAITEMENT DES IMAGES : David Dubé et Sylvain Lalande

RÉVISION LINGUISTIQUE : Marie-France Doucet

FABRICATION : Christian Toanen et Nikola Savic

PHOTOGRAVURE : Turquoise

Catalogage avant publication de Bibliothèque et Archives nationales du Québec et Bibliothèque et Archives Canada

Lemire, Jean

Le dernier continent : 430 jours au cœur de l'Antarctique

Publié en collaboration avec Éditions Michel Lafon

ISBN 978-2-923681-27-6

1. Expéditions scientifiques - Antarctique. 2. Antarctique - Descriptions et voyages. 3. Climat - Changements - Antarctique. 4. Lemire, Jean - Voyages - Antarctique. 5. Sedna IV (Navire à voile). 6. Antarctique - Ouvrages illustrés.
I. Titre.

Q115.L442 2009   508.3167   C2009-942083-X

L'éditeur bénéficie du soutien de la Société de développement des entreprises culturelles du Québec (SODEC) pour son programme d'édition et ses activités de promotion.

L'éditeur remercie le gouvernement du Québec de l'aide financière accordée à l'édition de cet ouvrage par l'entremise du Programme de crédit d'impôt pour l'édition de livres, administré par la SODEC.

Nous reconnaissons l'aide financière du gouvernement du Canada par l'entremise du Programme d'aide au développement de l'industrie de l'édition (PADIÉ) pour nos activités d'édition.

L'éditeur remercie Air Transat d'avoir prêté son concours au transport de cet ouvrage.

LES ÉDITIONS
LA PRESSE

Les Éditions La Presse
7, rue Saint-Jacques
Montréal (Québec)
H2Y 1K9

PRÉSIDENT : André Provencher
DIRECTEUR DE L'ÉDITION : Martin Balthazar
ÉDITRICE DÉLÉGUÉE : Sylvie Latour

Achevé d'imprimer en Espagne par
Dedalo Grupo